Transgene Pflanzen

In der Reihe „Labor im Fokus" sind außerdem erschienen:

DNA-Fingerprinting von M. Krawczak und J. Schmidtke

In situ-**Hybridisierung** von A. R. Leitch, T. Schwarzacher, D. Jackson und I. J. Leitch

Kultur tierischer Zellen von S. J. Morgan und D. C. Darling

PCR von C. R. Newton und A. Graham

Gentechnische Methoden von D. S. T. Nicholl

Genisolierung von E. Meese und A. Menzel

Transgene Tiere von J. Schenkel

Weitere Titel in Vorbereitung.

Hans-Henning Steinbiß

Transgene Pflanzen

Spektrum Akademischer Verlag   Heidelberg · Berlin · Oxford

Die Deutsche Bibliothek – CIP-Einheitsaufnahme

Steinbiss, Hans-Henning:
Transgene Pflanzen / Hans-Henning Steinbiss. – Heidelberg ; Berlin ; Oxford : Spektrum,
Akad. Verl., 1995
    (Reihe Labor im Fokus)
    ISBN 3-86025-290-9

Lektorat: Ursula Loos/Sebastian Vogel, Marion Handgrätinger (Ass.)
Redaktion: Sebastian Vogel
Produktion: Brigitte Trageser
Umschlaggestaltung: Kurt Bitsch, Birkenau
Druck und Verarbeitung: Franz Spiegel Buch GmbH, Ulm

Spektrum Akademischer Verlag   Heidelberg · Berlin · Oxford

EIN VERLAG DER   *SPEKTRUM FACHVERLAGE GMBH*

Inhalt

Vorwort

Die Gentechnik bei höheren Pflanzen ist ein neues, faszinierendes Forschungsgebiet, dessen Auswirkungen auf andere biologische Forschungs-
bereiche und das moderne Leben wir heute nur erahnen können. In den
siebziger Jahren begannen viele Arbeitsgruppen damit, Pflanzen auf
künstlichem Wege genetisch zu verändern. Die achtziger Jahre standen
im Zeichen der Methodenentwicklung und erster anwendungsorientierter
Experimente. In diesem Jahrzehnt werden wir erleben, daß alle wichtigen
Kulturpflanzen gentechnisch verbessert werden können und transgene
Pflanzen beziehungsweise ihre Produkte weltweit auf den Markt kommen.

Der Autor hat diese ganze Entwicklung miterlebt und mitgestaltet. Das
vorliegende Buch möchte deshalb dem Leser die ganze Vielfalt der Gentechnik bei höheren Pflanzen mit ihren jetzt schon erkennbaren Chancen
vor Augen führen und dabei noch ungelöste Fragen nicht vergessen. Die
dazu in den Fachzeitschriften veröffentlichten Daten sind in der Regel nur
für Eingeweihte verständlich und erfordern meist gute englische Sprach-
kenntnisse. Studenten, technisches Personal, auf anderen Gebieten spe-
zialisierte Wissenschaftler, Schüler von Leistungskursen und gebildete
Laien brauchen aber als Überlick eine angemessen verständlich geschrie-
bene Darstellung. Über 870 ausgewählte Literaturzitate legen Zeugnis
von der Vitalität des neuen Forschungsgebietes ab und zeigen gleichzeitig
auch, wie schwierig es ist, auf begrenztem Raum möglichst vielen An-
sprüchen gerecht zu werden. Wenn der Text dennoch einigermaßen ver
ständlich geworden ist und der Leser Lust verspüren sollte, anhand der
Literaturzitate tiefer in das Gebiet einzudringen, so verdankt er dies den
stimulierenden Anregungen von meiner Tochter Wiebke und Herrn Dr.
Sebastian Vogel, denen ich dafür herzlich danke.

Köln, im August 1995   Hans-Henning Steinbiß

Einleitung

Seit mindestens 10 000 Jahren versuchen die Menschen, Pflanzen so zu verändern, daß sie sich leichter anbauen lassen und ihren Bedürfnissen besser genügen. Die Bauern der Jungsteinzeit (in Mitteleuropa zwischen 4000 und 2000 v. Chr.) bewahrten ganz einfach Samen von geeigneten Exemplaren für die Weiterzucht auf. An diesem Verfahren änderte sich nichts, solange man keine Kenntnis über die Genetik der Pflanzenzüchtung hatte. Das wandelte sich erst grundlegend mit der Wiederentdeckung der Mendelschen Vererbungsregeln durch C. Correns, E. von Tschermak und H. M. de Vries im Jahr 1900. Von nun an waren gezielte Kreuzungen unterschiedlicher Pflanzen derselben Art möglich. Um 1910 erschienen in den USA bereits Veröffentlichungen über Inzucht- und Hybridzüchtung. East und Shull hatten nämlich 1908/1909 beim Mais beobachtet, daß nach wiederholter Selbstbefruchtung Pflanzen (Inzuchtlinien) entstehen, die schon rein optisch durch ihren schwachen Wuchs ins Auge fallen (Inzuchtdepression). Die Kreuzung bestimmter Inzuchtlinien führte dann allerdings zu F_1-Hybriden, die besonders wüchsig waren und hohe Kornerträge brachten (Heterosis). Leider verschwand diese Leistungsexplosion schon in der nächsten Generation, was zur Folge hatte, daß man Hybridmais immer wieder neu herstellen mußte.

Heute werden in den Industrieländern fast ausschließlich Hybridsorten angebaut. Die Weltproduktion von Mais hat sich im Vergleich zu 1950 fast verdreifacht, was sowohl auf die Steigerung der Hektarerträge als auch auf die Ausweitung der Anbaufläche zurückzuführen ist. Landwirte werden aber das teure Hybridsaatgut nur kaufen, wenn die höheren Saatgutkosten durch Mehrerlöse aufgrund von Ertragssteigerungen mehr als nur ausgeglichen werden. Beim Weizen ist Hybridsaatgut erst ab einem Mehrertrag von zehn bis 15 Prozent rentabel. Eine wichtige Aufgabe für die zukünftige Pflanzenzüchtung besteht also auch darin, die Herstellungskosten für Hybridsaatgut zu senken. Gerade hier scheint die Gentechnik wertvolle Beiträge liefern zu können.

Mit biotechnologischen Mitteln wie der Kultur von isolierten Hybrid-embryonen und Protoplastenfusion (Kapitel 2.4) ist es inzwischen sehr häufig gelungen, Partner zu kreuzen, die verschiedenen Arten oder Gattungen angehören. Dies geschieht in der freien Natur nur sehr selten, weil sich dagegen im Laufe der Evolution eine Reihe sehr wirkungsvoller morphologischer und biochemischer Schranken entwickelt hat. Nehmen wir als Beispiel *Triticale*, eine Kreuzung aus Weizen (*Triticum aestivum*) und Roggen (*Secale cereale*). Hier erhoffen sich die Züchter unter anderem die Vereinigung der Krankheitsresistenz, Winterhärte und Anspruchslosigkeit des Roggens mit der Ertragsfähigkeit und Kornqualität des Weizens. Letztendlich ist auch das nur ein Weg unter vielen anderen, welche alle die Optimierung von Kulturpflanzen zum Ziel haben.

Die beeindruckende Zunahme der Nahrungsmittelproduktion in der Welt, gerade in den letzten Jahrzehnten, beruht auf der Einführung neuer ertragreicher Sorten, dem Einsatz von Dünge- und Pflanzenschutzmitteln sowie der zunehmenden Mechanisierung der Landwirtschaft. Dennoch stellt sich das Versorgungsproblem jedes Jahr aufs neue. So ist der Weltvorrat an Weizen Ende 1994 durch Mißernten derart stark geschrumpft, daß höhere Preise die Folge sein werden und dadurch die Nachfrage der traditionellen Importländer zwangsläufig gedämpft wird. Aufhorchen läßt zudem die Expertenmeinung, daß die Ernte 1995/96 nicht ausreichend gesteigert werden kann, um die Weltvorräte auf den alten Stand zu bringen. Das aber wäre bitter nötig, denn die Weltbevölkerung wächst unaufhaltsam Jahr für Jahr.

Um Christi Geburt herum beanspruchte die Verdoppelung der Weltbevölkerung etwa 1 000 Jahre. Zwischen 1850 und 1950 waren dazu nur 100 Jahre nötig. Für das Jahr 2050 haben Wissenschaftler die Verdoppelung der heutigen Erdbevölkerung vorausgesagt. Natürlich kennt niemand die genaue Zahl der gegenwärtig auf der Erde lebenden Menschen, sondern man ist auf Schätzungen angewiesen. Wenn die Vorhersage aber tatsächlich eintreten sollte und die Verdoppelung der Weltbevölkerung immer kürzere Zeiträume beansprucht, muß man sich ernsthaft Gedanken darüber machen, wie die Erdbevölkerung in Zukunft überhaupt noch ernährt werden kann und mit welchen Pflanzen. Wir kennen heute etwa 350 000 Pflanzenarten. Davon haben 100 bis 200 eine nennenswerte ökonomische Bedeutung erlangt. Aber die Menschheit deckt ihren Nahrungsbedarf fast ausschließlich mit kaum mehr als 15 Pflanzenarten, hauptsächlich mit Getreide, Hülsen- und Knollenfrüchten.

Das FAO-Jahrbuch enthält natürlich noch weitere Kulturpflanzen, die sehr häufig nur in einigen Kontinenten eine herausragende Rolle spielen, wie zum Beispiel Taro in Afrika und Asien (*Colocasia esculenta*; Welt-

Tabelle E.1:   Weltproduktion der wichtigsten Kulturpflanzen in Millionen Tonnen aus dem FAO-Jahrbuch von 1992 (Vergleich zwischen 1979/81 und 1992)

Pflanzenname	Welt	Afrika	Amerika (NM)	Amerika (S)	Asien	Europa	Ozeanien	ehem. UdSSR
Weizen *Triticum aestivum*	438/564	9/13	89/100	12/15	136/215	92/115	15/15	85/90
Mais *Zea mays*	422/526	29/24	212/263	32/46	86/132	53/53	0,3/0.4	9/7
Reis *Oryza sativa*	396/525	9/14	9/10	13/16	360/480	2/2	0,7/1	2/2
Kartoffel *Solanum tuberosum*	270/268	5/8	19/24	10/11	49/69	110/83	1/1	77/73
Gerste *Hordeum vulgare*	154/160	4/5	21/21	0,7/1	17/18	69/60	4/6	39/50
Maniok *Manihot esculenta*	124/152	49/70	–	30/29	44/51	–	–	–
Süßkartoffel *Ipomoea batatas*	134/128	6/6	1/1	1/1	126/118	–	–	–
Rohzucker *Beta vulgaris* und *Saccharum officinarum*	89/116	6/7	19/21	13/15	18/39	21/22	4/5	7/7
Sojabohne *Glycine max*	86/114	–	56/62	18/32	10/16	0,6/2	–	0,5/1
Sorghumhirsen *Andropogonoideae*	66/70	12/16	25/28	7/5	20/20	–	1/1	–
Tomate *Lycopersicon esculentum*	53/70	5/9	10/12	3/5	13/23	14/15	–	7/6
Hafer *Avena sativa*	41/34	–	10/7	0,7/1	1/0,9	14/8	1/2	13/14
Millethirsen *Eragrostoideae Panicoideae*	25/29	8/10	–	16/16	–	–	–	2/2
Roggen *Secale cereale*	24/29	–	1/0,5	–	2/0,8	13/9	–	8/19
Wein *Vitis vinifera*	35/29	1/1	2/2	3/2	–	25/21	–	3/2
Yam *Dioscorea spec.*	12/28	11/27	–	–	–	–	–	–
Erdnuß *Arachis hypogaea*	19/24	5/6	2/2	–	11/16	–	–	–
Erbsen *Pisum sativum*	8/16	–	–	–	3/3	0,6/5	–	4/7

Zeichenerklärung: NM-Amerika = Nord- und Mittelamerika; S-Amerika = Südamerika; Ozeanien = hauptsächlich Australien und Neuseeland ; – deutlich unter 1 Millionen Tonnen jahresernte 6 Millionen Tonnen im Jahr 1992). Man hätte auch Kürbis, Wassermelone, Aubergine und Gurke in die Tabelle aufnehmen können. Aber schon der Wein läßt Zweifel an der Aussagekraft einer derartigen, ausschließlich auf Produktion bezogenen Aufstellung aufkommen. Besser wäre es, wenn man die Nährwerte der einzelnen Kulturpflanzen ermittelt hätte, den Weizen als Standard nehmen und dann alle Weltjahresernten in Weizeneinheiten umrechnen würde. Ganz sicher würden aber auch dann wieder die Getreide, Hülsen- und Knollenfrüchte die Tabelle anführen. Und vielleicht würde sich dann noch krasser zeigen, wie wenige Pflanzenarten die Ernährung der Menschen sicherstellen. Bei Fischen und Haustieren sieht es ähnlich aus. Wenn man dann noch bedenkt, daß die Landwirte aus rein ökonomischen Gesichtspunkten auf einige wenige ertragreiche Hochleistungssorten zurückgreifen, die auch alle noch sehr nahe verwandt sind, wird man unwillkürlich an die verheerende Hungerkatastrophe in Irland Mitte des letzten Jahrhunderts erinnert, als der Pilz *Phytophterea infestans* die Kartoffelernten vernichtete und etwa zehn Prozent der Bevölkerung verhungerten, und natürlich an die dramatischen Maiseinbußen in Nordamerika, wo 1970 nur sechs Inzuchtlinien 72 Prozent der gesamten Maisproduktion lieferten; dort hatte der Erreger der gefährlichen Blattwelkekrankheit, der Pilz *Helminthosporium maydis*, leichtes Spiel, und die Ernte ging stellenweise um 50 Prozent zurück.

Natürlich sind die Züchter heute bei allen Kulturpflanzen bestrebt, genetische Uniformität zu vermeiden, was im Zusammenspiel mit chemischen Pflanzenschutzmitteln letztendlich dazu beiträgt, daß sich derartige Ernteeinbußen nicht wiederholen können. Wie aber lassen sich in Zukunft die notwendigen Mehrerträge erzielen? Die Fachleute betonen immer wieder, daß die landwirtschaftlich genutzte Fläche nicht mehr wesentlich gesteigert werden kann. Seit 1976 ist darum auch die landwirtschaftliche Nutzfläche nur um drei Prozent größer geworden. Im gleichen Zeitraum sind aber mehr als acht Prozent der Waldfläche verschwunden, wodurch das Klima negativ beeinflußt wird. Ozeane intensiver zur Nahrungsproduktion heranzuziehen, wäre sicherlich sinnvoll. Auch nicht ohne Reiz ist der Gedanke, mehr Pflanzenprodukte zu essen und den Fleischverzehr deutlich einzuschränken, denn nur zehn Prozent der im Tierfutter enthaltenen Energie erhalten wir in Form von Fleisch wieder zurück. Auch wenn sich hoffentlich die Zahl der Menschen in den nächsten Jahren zum Beispiel durch Geburtenkontrolle und wachsenden Wohlstand auf einem bestimmten Niveau stabilisiert, wird die Züchtungsforschung erhebliche Anstrengungen unternehmen müssen, um die Produktion von Nahrungsmitteln unter ökologisch vertretbaren Bedingungen zu garantieren. Das FAO-Jahrbuch zeigt ganz deutlich, daß die Hektarerträge bei einigen

Kulturpflanzen von Land zu Land sehr große Schwankungen aufweisen. Das liegt sicherlich zum Teil daran, daß die jeweiligen Kulturpflanzen den regionalen Standortbedingungen nicht optimal angepaßt sind. Hier Abhilfe zu schaffen, ist eine Herausforderung für die Züchtungsforschung, die sich ganz zwangsläufig auch des Potentials der Gentechnik bedienen wird. Die Folge: Wahrscheinlich werden in naher Zukunft alle Kulturpflanzen im Laufe der züchterischen Bearbeitung auf irgendeine Art und Weise gentechnisch verändert und damit transgen.

Allgemeine Literaturhinweise

Albrecht, S. (1990) *Die Zukunft der Nutzpflanzen*. Campus Verlag, Frankfurt, New York.

Becker, H. (1993) *Pflanzenzüchtung*. Eugen Ulmer Verlag, Stuttgart.

FAO (1992) *Yearbook Nr. 46 „Production"*.

Hahlbrock, K. (1991) *Kann unsere Erde die Menschen noch ernähren?* Piper Verlag, München, Zürich.

Haug, G.; Schumann, G.; Fischbeck, G. (Hrsg.) (1990) *Pflanzenproduktion im Wandel*. VCH Verlagsgesellschaft, Weinheim.

Heß, D. (1992) *Biotechnologie der Pflanzen*. Eugen Ulmer Verlag, Stuttgart.

1.
Grundlagen

1.1 Wann nennt man Pflanzen transgen?

Strenggenommen sind wahrscheinlich alle Pflanzen transgen, weil sie im Laufe der Evolution ganz bestimmt irgendeine fremde DNA in ihr Genom aufgenommen haben. Als Beispiel sei hier nur der Tabak *Nicotiana glauca* genannt, der nachweislich Gene von *Agrobacterium rhizogenes* enthält [1]. Seit den grundlegenden Untersuchungen von Avery und Mitarbeitern [2] sollte man jedoch nur noch von transgenen Organismen sprechen, wenn die fremde DNA experimentell übertragen, stabil in die Pflanzen-DNA integriert, mit ihr repliziert und auf die Nachkommen übertragen wurde. In den vergangenen Jahren wurden der wissenschaftlichen Öffentlichkeit viele transgene Pflanzen vorgestellt, die dieser Definition nicht in vollem Umfang entsprechen und die man deshalb wohlwollend als falsch-positiv (*false positive*) einstufen sollte. Potrykus [3] hat deshalb 1991 noch einmal präzisiert, welche Kriterien eine wirklich transgene Pflanze erfüllen sollte, denn gerade auf dem Gebiet der Getreidetransformation häuften sich damals zweifelhafte Erfolgsmeldungen. Seit Einführung der Southern Blot-Analyse [4] kann man nämlich durch eine geschickte Auswahl von Restriktionsenzymen die Integration fremder DNA in transgenen Pflanzen und ihren Nachkommen zweifelsfrei nachweisen.

Der Fachhandel bietet für die Southern Blot-Analyse erprobte radioaktive und nicht-radioaktive „Kits" an, Einheiten, die alle dazu notwendigen Chemikalien gebrauchsfertig enthalten, zuzüglich einer ausführlichen Versuchsanleitung. Außerdem steht heute zusätzlich noch eine ganze Reihe von Markergenen zur Verfügung, so daß man das Genprodukt mit einem empfindlichen Enzymtest identifizieren kann (Abschnitt 1.3). Auch eine sorgfältig durchgeführte PCR-Reaktion [5] ersetzt nicht die gründliche Analyse der transgenen Pflanzen, denn mit diesem Test würden unter anderem auch DNA-Kontaminationen, Endophyten (Abschnitt 3.1) und extrachromosomale DNA zu einem positiven Resultat führen. Auf der anderen Seite schätzt man im Labor die PCR-Technik, wenn es darum geht, möglichst schnell aus einer großen Zahl von möglicherweise transgenen Pflanzen einige erfolgversprechende Kandidaten auszuwählen.

Wenn man überprüft, ob die hier skizzierten Kriterien in den bisherigen Veröffentlichungen über transgene Pflanzen eingehalten wurden, gelangt man zu dem Schluß, daß nur wenige Transformationsmethoden tatsächlich zu transgenen Pflanzen geführt haben. Man sollte dabei allerdings berücksichtigen, daß nicht alle Arbeitsgruppen über die zur Durchführung der Tests notwendigen Mittel verfügen und daß die Maßstäbe in den achtziger Jahren noch nicht so hoch angelegt wurden wie heute. Insofern beschreibt dieses Buch alle erfolgversprechenden Transformationsmethoden, und es wird von Fall zu Fall darauf eingegangen, ob die jeweilige Methode zu transgenen Pflanzen geführt und breite Anwendung gefunden hat oder ob sie noch den Erfolgsbeweis in Form transgener Pflanzen schuldig geblieben ist.

Literatur

[1] Furner, I. J.; Huffman, G. A.; Amasino, R. M.; Garfinkel, D. J.; Gordon, M. P.; Nester, E. W. (1986) *Nature* **319**, 422–427.

[2] Avery, O.; MacLeod, C.; MacCarthy, M. (1944) *J. Exp. Med.* **79**, 137–158.

[3] Potrykus, I. (1991) *Annu. Rev. Plant Physiol. Plant Mol. Biol.* **42**, 205–225.

[4] Southern, E. M. (1975) *J. Mol. Biol.* **98**, 503–517.

[5] Newton, C. R.; Graham, A. (1994) *PCR*. Spektrum Akademischer Verlag, Heidelberg.

1.2   Grundlagen der Genexpression

Den großartigen Entdeckungen auf dem Gebiet der molekularen Genetik verdanken wir unser heutiges Wissen darüber, wie Gene aussehen, wie sie repliziert und vererbt werden und wie die Information eines Gens als Polypeptidkette realisiert wird. Es gibt zu diesem Thema viele empfehlenswerte Lehrbücher wie zum Beispiel die von Singer und Berg [1] oder von Lewin [2]. Deshalb soll hier nur eine ganz knappe Beschreibung dieser Vorgänge folgen, soweit sie für das Verständnis der nächsten Abschnitte notwendig ist.

Grob beschrieben, ist ein Gen ein Abschnitt eines DNA-Moleküls, der entweder ein Protein, eine bestimmte Sorte von RNA oder eine DNA-Sequenz codiert, die von einem Regulatorprotein erkannt wird. Transgene Pflanzen sollen in der Regel ein neuartiges Protein herstellen. Neuerdings wird auch versucht, die Synthese pflanzeneigener Proteine markant zu beeinflussen. Es kann unter anderem das Ziel sein, daß ein toxisches Protein nicht mehr hergestellt wird oder daß die Produktion eines Speicherproteins deutlich höher als gewöhnlich ausfällt. Man überträgt dann zum Beispiel ein Gen, welches einen Promotor am 5'-Ende, eine codierende Region mit der Information für die Aminosäurenabfolge des Proteins in der Mitte und eine PolyA-Kette am 3'-Ende hat. Bei genauer Betrachtung sind aber alle drei Elemente sehr komplex aufgebaut: Der Promotor ist im Prinzip nur eine Häufung von regulatorischen Elementen [3, 4] mit einer Bindestelle für die Polymerase und dem Transkriptionsstartsignal. Das 3'-Ende hat gleich mehrere Funktionen zu erfüllen im Hinblick auf das Ende der Polymeraseaktivität und die Stabilität der mRNA [5, 6]. Die genaue Kenntnis der „Feinmotorik" bei der Genexpression ist vor allem dann von Bedeutung, wenn man – salopp gesagt – fremde Gene in einer transgenen Pflanze am richtigen Ort, zum richtigen Zeitpunkt und in der richtigen Stärke exprimiert haben möchte.

Die Gene von Prokaryoten (zum Beispiel Bakterien und Bakteriophagen) und Eukaryoten (Hefe, Tiere, Pflanzen) unterscheiden sich in ihrer Organisation ganz wesentlich voneinander (Abb. 1.1). Während die prokaryotischen Gene durch Transkription eine RNA-Kette bilden, die in einem Stück translatiert wird, sind die eukaryotischen Gene von mehr oder weniger langen Sequenzen (Introns, *intervening regions*) unterbrochen, die zwar im primären Transkriptionsprodukt, der sogenannten Prä-RNA, nicht aber in der reifen RNA zu finden sind. Sehr anschaulich spricht man deshalb von „Mosaikgenen" [7]. Das Herausschneiden der Introns (Spleißen) und Verknüpfen der Reststücke (Exons, *expressed regions*) zur reifen mRNA ist ein komplexer Vorgang, an dem ein großer RNA-Protein-Komplex (das Spleißosom) beteiligt ist [8, 9].

Die Zahl der Introns pro Gen schwankt stark. Viele Gene (zum Beispiel das Actingen der Hefe) haben nur ein Intron, andere enthalten mehr als 50 (zum Beispiel das Gen für die α-Kette des Prokollagens). Beim Zein, dem Speicherprotein des Mais, soll lediglich ein Intron in der nicht translatierten Region am 5'-Ende der ansonsten intronlosen mRNA liegen. Auch die Größe der Introns reicht von wenigen Nucleotiden (zum Beispiel 70

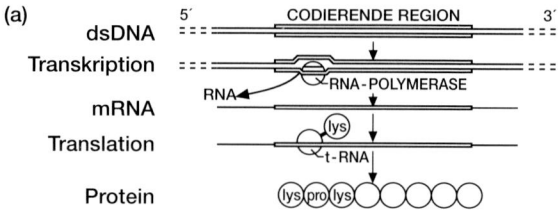

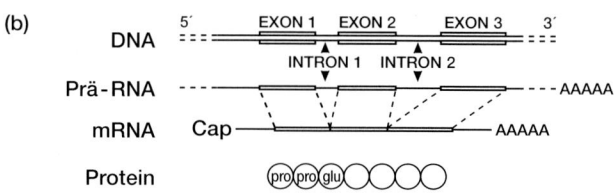

1.1 Prokaryotische und eukaryotische Genexpression und Proteinsythese. (a) Während der Transkription wird die doppelstränge DNA (dsDNA) kurzzeitig aufgetrennt. Eine RNA-Polymerase kann nun an die einzelsträngige DNA im Bereich des Promotors binden und die Synthese der RNA einleiten. Die Translation der RNA beginnt, wenn sie sich mit ihrer Ribosomenbindestelle an ein Ribosom anlagert. Die Transfer-RNAs (tRNA) führen ihre spezifischen Aminosäuren heran, welche anschließend zu einem Protein zusammengefügt werden. (b) Bei eukaryotischen Genen müssen zunächst die Introns aus der Prä-RNA entfernt werden, bevor es zur Translation kommen kann. Außerdem wird nach der Transkription eine Kette von Adeninmolekülen (polyA) enzymatisch an das 3'-Ende der Prä-RNA gekoppelt und am 5'-Ende die Cap-Struktur angebracht.

bei Säugern) bis zu mehreren 10 000 in den homöotischen Genen der Taufliege *Drosophila*. Bei Pflanzen sind sie zwischen 70 und 1 000 Nucleotide lang [10]. Gemeinsames Merkmal aller Introns sind spezifische, konservierte Erkennungssignale für die Spleißosomen, die an ihren Enden liegen.

Die Differenzierung von Zellen im Laufe der Entwicklung von Eukaryoten beruht auf unterschiedlichen Genaktivitäten. Es gibt Gene, die für den Grundstoffwechsel in fast jeder Zelle verantwortlich (*housekeeping genes*) und demzufolge immer aktiv sind, wenn auch nicht stets mit gleicher Intensität. Demgegenüber sind Gene, welche die Differenzierung von Zellen bewirken, entwicklungsspezifisch und/oder zellspezifisch, manchmal auch geschlechtsspezifisch aktiv. Grundsätzlich kann die im Gen gespeicherte Information auf den Ebenen Transkription, RNA-Processing, RNA-Transport, Translation und RNA-Abbau von der Zelle gesteuert werden. Vielfältige Vernetzungen und Wechselwirkungen ermöglichen zusätzlich eine Feinregulierung der Genexpression und erschweren dadurch die Untersuchung einzelner Schritte.

Literatur

[1]   Singer, M.; Berg, P. (1992) *Gene und Genome*. Spektrum Akademischer Verlag, Heidelberg.

[2]   Lewin, B. (1991) *Gene*. 2. Auflage. VCH Verlagsgesellschaft, Weinheim.

[3]   Müller, M. M.; Gerster, T.; Schaffner, W. (1988) *Eur. J. Biochem.* **176**, 485–495.

[4]   Sharp, P. A. (1992) *Cell* **68**, 819–821.

[5]   Manley, J. L.; Proudfoot, N. J. (1994) *Genes & Development* **8**, 259–264.

[6]   Decker, C. J.; Parker, R. (1994) *TIBS* **19**, 336–340.

[7]   Rödel, G.; Wolf, K. (1985) *Biologie in unserer Zeit* **6**, 179–185.

[8]   Lamond, A. I. (1993) *BioEssays* **15**, 595–603.

[9]   Beven, A. F.; Simpson, G. G.; Brown, J. W. S.; Shaw, P. J. (1990) *J. Cell Science* **108**, 509–518.

[10] Goodall, G. J.; Filipowicz, W. (1990) *Plant Mol. Biol.* **14**, 727–733.

1.3   Vom Gen zum Expressionsvektor

Plasmide von *E. coli* eignen sich hervorragend zum Klonieren von Genen. Die einzelnen Arbeitsschritte sind sehr ausführlich in Laborhandbüchern beschrieben [1]. Ist das erst einmal geschehen, dann lassen sich die klonierten Gene mittels einer Bakterienkultur beliebig oft vermehren. In der Regel transformiert man Pflanzen mit dem kompletten bakteriellen Plasmid. Nur sehr selten haben Arbeitsgruppen das klonierte Gen vorher herausgeschnitten und das Restplasmid verworfen, denn es ist gegenwärtig kein Grund ersichtlich, der diesen zusätzlichen Aufwand notwendig erscheinen läßt. Im Rahmen der Diskussionen über Risiken der Gentechnik ist dieser Punkt allerdings aufgegriffen worden, enthält doch das Restplasmid unter anderem Antibiotikaresistenzgene, die zum Klonieren unerläßlich sind und die natürlich mit in die Pflanze übertragen werden.

In vielen gentechnischen Labors hat sich heute eine gewisse Abfolge von Arbeitsschritten eingebürgert. So wird man zunächst wissen wollen, ob die codierende Region eines klonierten Gens tatsächlich die Information für das gewünschte Protein trägt. Schließlich könnten ja während der Klonierung Fehler aufgetreten sein. Dies überprüft man mit Expressionsvektoren, die bereits einen starken Promotor, eine PolyA-Kette und zwischen beiden Elementen eine Ansammlung von Schnittstellen für Restriktionsenzyme (Polylinker) haben, welche die Integration der codierenden Region erleichtern [2, 3]. Weite Verbreitung haben für diesen Zweck zwei Promotoren gefunden, der *nos*-Promotor und der CaMV-35 S-Promotor. Der *nos*-Promotor stammt aus dem Ti-Plasmid von *Agrobacterium tumefaciens* und steuert dort das Gen für die Nopalinsynthase. Der 35 S-Promotor ist dem Blumenkohlmosaikvirus (*cauliflower mosaic virus*, CaMV) entnommen. Beide sind fast uneingeschränkt in höheren Pflanzen aktiv, wobei der 35 S-Promotor deutlich wirksamer ist [4].

Wie man sieht, lassen sich Promotoren und codierende Regionen unterschiedlicher Herkunft miteinander kombinieren. Ob diese chimären Gene auch tatsächlich das erhoffte Genprodukt in der Pflanzenzelle bilden können, läßt sich in wenigen Tagen mit Hilfe der „transienten Genexpression" ermitteln (Abschnitt 1.4). Hat man das Ziel, Promotoren miteinander zu vergleichen, ihre Regulation zu studieren oder einen Promotor im Hinblick auf eine bestimmte Funktion zu optimieren, dann wird man einen Expressionsvektor auswählen, der bereits die codierende Region eines Gens enthält und dessen Genprodukt leicht nachweisbar ist [5, 6]. Man braucht dann nur noch den zu untersuchenden Promotor in den Polylinker zu integrieren und kann dann seine Arbeitsweise mit der transienten Genexpression oder bei komplexen Regulationsmechanismen auch in transgenen Pflanzen studieren.

Einige dieser Gene (Reportergene, *screenable marker*) haben eine sehr weite Verbreitung gefunden, weil sich die von ihnen codierten Enzyme leicht nachweisen lassen. Für die Chloramphenicol-Acetyltransferase [7] und die Neomycin-Phosphotransferase [8] gibt es bewährte chromatographische Tests, welche zum Teil auch ohne radioaktiv markiertes Substrat durchgeführt werden können [9, 10]. Die β-Glucuronidase bietet den Vorteil, daß man ihre Aktivität colorimetrisch oder durch einen sichtbaren blauen Farbkomplex nachweisen kann [11]. Allerdings muß eindringlich vor einer in manchen Pflanzen vorkommenden endogenen Enzymaktivität gewarnt werden [12]. Vorsicht ist vor allen Dingen dann geboten, wenn mit dem blauen Farbkomplex die gewebespezifische Regulation von Promotoren untersucht werden soll. Es empfiehlt sich daher, die erhaltenen Ergebnisse durch andere Experimente zu untermauern [13]. Dieser blaue Farbkomplex ist leider toxisch für Pflanzenzellen. Wenn man möchte, daß der Enzymnachweis die Funktionen nicht wesentlich beeinträchtigt, dann empfiehlt es sich, Luciferase als Reportergen zu benutzen. Inkubiert man nämlich die transformierte Zelle mit dem Substrat Luciferin, kommt es unter ATP-Verbrauch zu einer gelb-grünen Leuchtreaktion [14], die man mit sehr empfindlichen Kameras dokumentieren kann. Dadurch ist es beispielsweise möglich, Promotorstudien in lebenden Pflanzen durchzuführen [15]. Allerdings sollte man nicht vergessen, daß das Substrat Luciferin in unterschiedlich starkem Maße vom Gewebe aufgenommen wird, was das Ergebnis verfälschen kann [16]. Neuerdings gibt es mit dem *green fluorescent protein* (GFP) von *Aequorea victoria* eine bemerkenswerte Alternative zur Luciferase, denn geringfügige Veränderungen im Molekül vom GFP verändern das emittierte Lichtspektrum [17, 18], so daß man zwei Promotoren oder zwei Proteine gleichzeitig in einem lebenden System studieren kann.

Die Effizienz fast aller in diesem Buch beschriebenen Transformationsmethoden ist so niedrig, daß man gezwungen ist, möglichst frühzeitig die transformierten von den nicht transformierten Zellen zu trennen. Das geht natürlich nur, wenn die Transformationsmethode eine Gewebekulturphase beinhaltet. Dann kann man nämlich Toxine einsetzen, die alle nicht transformierten Pflanzenzellen abtöten oder ihr Wachstum erheblich einschränken. Damit die anderen Zellen diese Prozedur unbeschadet überstehen, muß man ihnen ein Gen vermitteln, welches ein Protein zur Inaktivierung des Toxins codiert. Einige dieser sogenannten selektierbaren Markierungsgene haben sich im Routinebetrieb bewährt und demzufolge breite Anwendung gefunden [19, 20]. Das gilt besonders für das *npt*-Gen, welches das Enzym Neomycin-Phosphotransferase codiert. Die selektiv wirkenden Toxine sind die Antibiotika Kanamycin, Neomycin und Geneticin (G418), die den Translationsprozeß in den Plastiden blockieren. Neuerdings wird auch vermehrt mit den Herbiziden Phosphinotricin (PPT) und Bialaphos selektioniert. In diesen Fällen kommt es zur Anhäufung toxischer Mengen an Ammoniak in den Pflanzenzellen, weil das Enzym Glutamin-Synthethase blockiert wird. Abhilfe schaffen da die Gene *bar* und *pat*, die das entgiftende Protein Phosphinotricin-Acetyltransferase codieren. Erwähnen sollte man allerdings auch noch, daß es kein selektierbares Markierungsgen gibt, welches bei allen Pflanzen gleichermaßen gut Verwendung finden kann. Man muß also rein empirisch für jedes neue Objekt ein optimales Selektionssystem ermitteln.

Da das zu übertragende Gen und das selektierbare Markierungsgen in den allermeisten Fällen nicht identisch sind, stellt sich für den Experimentator die Frage, ob er beide Gene auf einem Plasmid vereinigen soll oder nicht. Hierzu gibt es in der Literatur keine einheitliche Meinung. Die Erfahrung zeigt, daß auch ein Gemisch aus zwei verschiedenen Plasmiden zur Transformation verwendet werden kann [21, 22]. Ein hoher Prozentsatz der transgenen Zellen enthält dann beide Gene (Cotransformation).

Im Zusammenhang mit der Risikoabschätzung von Freilandexperimenten (Abschnitt 8.3) taucht immer wieder die Frage auf, ob es nicht möglich ist, ganz auf die selektierbaren Markierungsgene zu verzichten. Grundsätzlich geht das, wenn die Transformationsrate so hoch ist, daß zum Beispiel auch ohne Selektion jede zweite Pflanze transgen ist. *Agrobacterium tumefaciens* hat unter bestimmten Umständen das Potential dazu.

Literatur

[1]   Sambrook, J.; Fritsch, E. F.; Maniatis, T. (Hrsg.) (1989) *Molecular Cloning*, 2. Auflage, Cold Spring Harbor Laboratory Press, New York.

[2]   Rogers, S. G.; Klee, H. J.; Horsch, R. B.; Fraley, R. T. (1987) *Methods in Enzymology* **153**, 253–277.

[3]   Deblaere, R.; Reynaerts, A.; Höfte, H.; Hernalsteens, J.-P.; Leemans, J.; Van Montagu, M. (1987) *Methods in Enzymology* **153**, 277–293.

[4]   Sanders, P. R.; Winter, J. A.; Barnason, A. R.; Rogers, S. G.; Fraley, R. T. (1987) *Nucl. Acids Res.* **15**, 1543–1558.

[5]   An, G. (1987) *Methods in Enzymology* **153**, 292–305.

[6]   Töpfer, R.; Maas, C.; Höricke-Grandpierre, C.; Schell, J.; Steinbiß, H.-H. (1993) *Methods in Enzymology* **217**, 66–78.

[7]   Gorman, C. M.; Moffat, L. F.; Howard, B. H. (1982) *Mol. Cell Biol.* **2**, 1044–1051.

[8]   Reiß, B.; Sprengel, R.; Will, H.; Schaller, H. (1984) *Gene* **30**, 211–218.

[9]   Sleigh, M. J. (1986) *Analytical Biochem.* **156**, 251–256.

[10] Young, S. L.; Jackson, A. E.; Puett, D.; Melner, M. H. (1985) *DNA* **4**, 469–475.

[11] Jefferson, R. A.; Burgess, S.; Hirsh, D. (1986) *Proc. Natl. Acad. Sci. USA* **83**, 8447–8451.

[12] Wozniak, C. A.; Owens, L. D. (1994) *Physiol. Plantarum* **90**, 763–771.

[13] De Block, M.; Debrouwer, D. (1992) *The Plant J.* **2**, 261–266.

[14] Koncz, C.; Langridge, W. H. R.; Olsson, O.; Schell, J.; Szalay, A. A. (1990) *Developmental Genetics* **11**, 224–232.

[15] Barnes, W. (1990) *Proc. Natl. Acad. Sci. USA* **87**, 9183–9187.

[16] Schneider, M.; Ow, D. W.; Howell, S. H. (1990) *Plant Mol. Biol.* **14**, 935–947.

[17] Chalfie, M.; Tu, Y.; Euskirchen, G.; Ward, W. W.; Prasher, D. C. (1994) *Science* **263**, 802–805.

[18] Delagrave, S.; Hawtin, R. E.; Silva, C. M.; Yang, M. M.; Youvan, D. C. (1995) *Bio/Technology* **13**, 151–154.

[19] Walden, R.; Koncz, C.; Schell, J. (1990) *Methods in Molecular and Cellular* Biology **1**, 175–194.

[20] McElroy, D.; Brettell, R. I. S. (1994) *TIBTECH* **12**, 62–68.

[21] Schocher, R. J.; Shillito, R. D.; Saul, M. W.; Paszkowski, J.; Potrykus, I. (1986) *Bio/Technology* **4**, 1093–1096.

[22] Uchimiya, H.; Hirochika, H.; Hashimoto, H.; Hara, A.; Masuda, T.; Kasumimoto, T.; Harada, H.; Ikeda, J. E.; Yoshioka, M. (1986) *Mol. Gen. Genet.* **205**, 1–8.

1.4   Transiente Genexpression

Mit allen Transformationsmethoden schleust man weitaus mehr Kopien eines klonierten Gens in die Pflanzenzelle ein als später stabil integriert im Genom zu finden sind. Untersuchungen zum Verbleib der Gene in der Pflanzenzelle haben gezeigt, daß die Kernhülle eine sehr wirksame Barriere darstellt, so daß nur wenige Kopien tatsächlich in den Zellkern gelangen [1, 2]. Das konnte auf indirekte Weise durch Mikroinjektion von DNA in den Kern beziehungsweise ins Cytoplasma von Fibroblasten bewiesen werden: Nach einer Kerninjektion erhielt Capechi [3] etwa 1000mal mehr Transformanten. Außerdem wird nicht jedes klonierte Gen, das in den Kern gelangt, am Ende tatsächlich ins Pflanzengenom integriert.

Eingehende Studien an Froschoocyten lassen den Schluß zu, daß die Mehrheit dieser Kopien sofort von DNAsen abgebaut wird; nur ein kleiner Teil nimmt mit Hilfe von Histonen eine chromatinähnliche Struktur an (Minichromosomen), was sie vor enzymatischem Abbau schützt und für längere Zeit stabilisiert [4, 5]. Es konnte bisher noch nicht gezeigt werden, daß die genannten Befunde an Tierzellen (Fibroblasten, Froschoocyten) auch für Pflanzenzellen gültig sind, weil man mit diesen Tierzellen viel leichter experimentieren kann als mit Pflanzenzellen. Es gibt aber keinen Anlaß zu der Vermutung, daß diese Prozesse bei Pflanzen grundsätzlich anders ablaufen als bei Tierzellen. Deshalb sollte man mit Integrationsanalysen nicht zu früh beginnen, wenn man transiente Genexpression (siehe unten) vollkommen ausschließen will.

Bevor am Ende ein Bruchteil der ursprünglich übertragenen Gene ins Pflanzengenom integriert wird, kommt es zwischen ihnen noch zu umfangreicher Rekombination [6–9]. Niemand ist daher heute noch überrascht, wenn in transgenen Pflanzen viele Kopien des klonierten Gens kettenförmig angeordnet sind oder wenn funktionsuntüchtige Bruchstücke integriert wurden. Es gibt aber auch Fälle mit nur einer einzigen Kopie des klonierten Gens pro Pflanzenzelle. Um diese optimalen Transformationsereignisse auszusortieren, muß man umfangreiche Analysen durchführen.

Wir müssen annehmen, daß an den nicht ins Genom integrierten DNA-Kopien solange RNA und anschließend Protein gebildet wird, bis sie von pflanzeneigenen DNAsen abgebaut sind. Da dieser Vorgang zeitlich begrenzt ist, sprechen wir von „transienter Genexpression" (Abb. 1.2). Sie wird von vielen Faktoren beeinflußt wie zum Beispiel dem Pflanzenmaterial, der Transformationsmethode, Menge und Struktur des klonierten Gens, Stabilität der übertragenen DNA beziehungsweise der davon transkribierten mRNA und nicht zuletzt von der Lebensdauer des Genprodukts [8, 9].

Transiente Genexpression tritt auch bei der Transformation mit *Agrobacterium tumefaciens* [12, 13] und in Chloroplasten [14, 15] auf. Strenggenommen wissen wir auch heute noch nicht genau, wie dieser ganze Prozeß bei Pflanzen abläuft. Er hat sich jedoch schon oft als sehr nützliches Werkzeug erwiesen, wenn es beispielsweise darum ging, eine neue Transformationsmethode zu optimieren oder einen Expressionsvektor zu testen [16]. Leider hat man bis heute nur wenig unternommen, um experimentell bedingte Schwankungen in der Genexpression zum Beispiel durch gleichzeitige Transformation mit einem zweiten Markergen (interner Standard) sichtbar zu machen [17, 18]. Allein schon die zur Protoplastenherstellung verwendete Enzymlösung [20] oder der beim Transformieren beliebte Hitzeschock [18] beeinflussen die transiente Genexpression merklich. Man darf auch nicht vergessen, daß man stets die Summe der Expression zahlreicher Zellen betrachtet. Es wäre durchaus vorstellbar, daß in einer stark geschädigten Zelle Transportprozesse zügiger ablaufen und zellspezifische Kontrollmechanismen verlorengegangen sind. Möglicherweise sind derartige Zellen auch nur noch wenige Stunden lebensfähig, was für die transiente Genexpression völlig ausreicht [10].

Eine optimal durchgeführte Transformation mit Polyethylenglykol (Abschnitt 2.2) tötet 50 Prozent der eingesetzten Protoplasten im Laufe

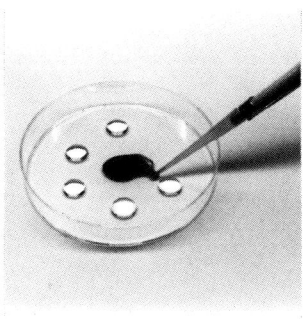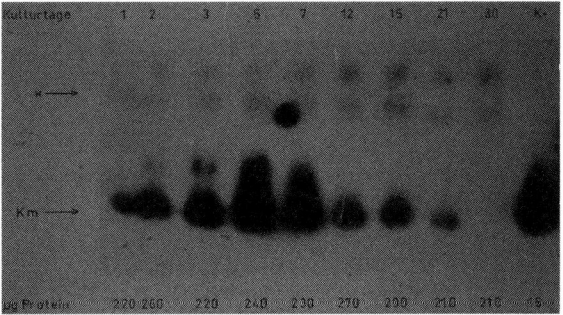

(a)   (b)

1.2 Transiente Genexpression des Gens für die Neomycin-Phosphotransferase in Tabakprotoplasten. (a) In die Mitte einer Petrischale gibt man ein bis zwei Millionen Protoplasten in 300 μl isotoner Waschflüssigkeit. Ringsherum ordnet man dann sechs 100-μl-Tropfen an, die Polyethylenglykol und $CaCl_2$ enthalten (Abschnitt 2.2). Anschließend vermischt man 50 μl DNA-Lösung mit den Protoplasten durch kreisende Bewegung der Pipettenspitze und bezieht einen PEG-$CaCl_2$-Tropfen nach dem anderen mit ein. Das ganze Gemisch bleibt dann 30 Minuten ruhig stehen. Anschließend werden die Protoplasten in Kulturmedium überführt. Von diesem Zeitpunkt an kann man mit Genexpressionsstudien beginnen. (b) Mehrere Millionen Protoplasten wurden mit DNA behandelt, die das Enzym Neomycin-Phosphotransferase codiert. Danach fand Tag für Tag mit gleichen Zellmengen ein Enzymtest in Anwesenheit von radioaktivem ATP statt. Vom Reaktionsgemisch wurden jedes Mal ähnliche Proteinmengen chromatographisch aufgetrennt. Auf dem Autoradiogramm sieht man, wie die Menge des phosphorylierten Kanamycins in der ersten Woche ansteigt und dann in den nächsten 2 Wochen völlig verschwindet. Km: phosphoryliertes Kanamycin; K+: als Kontrolle ein Proteinextrakt aus einer transgenen Pflanze, die Neomycin-Phosphotransferase exprimiert; *: unspezifische Hintergrundsaktivität; μg Protein: pro Spur aufgetragene Gesamtproteinmenge.

des ersten Tages. Niemand weiß, wie sich das auf die transiente Genexpression auswirkt. So deutet ein starkes Signal nicht automatisch auf eine große Zahl von transgenen Zellen hin. Auf der anderen Seite kann man ohne dieses Signal kaum Transformanten erwarten.

Die transiente Genexpression sollte eigentlich immer nur der erste Schritt sein, mit dem man zeit und kostenaufwendige Experimente be ginnt, und sie darf nicht zur Ersatzfunktion für transgene Pflanzen werden. Es gibt heute eine Reihe von Veröffentlichungen, in denen über expressionssteigernde Elemente wie Introns, Exons, diverse Enhancer und Kombinationen aus ihnen für Getreideprotoplasten berichtet wird. Diese Resultate wurden ausschließlich auf der Basis von transienter Expression erarbeitet, und bis heute ist nie eingehend untersucht worden, ob sich solche Beobachtungen an transgenen Pflanzen bestätigen lassen [21–25].

Literatur

[1]   Loyter, A.; Scangos, G. A.; Ruddle, F. H. (1982) *Proc. Natl. Acad. Sci. USA* **79**, 422–426.

[2]   Werr, W.; Lörz, H. (1986) *Mol. Gen. Genet.* **202**, 471–475.

[3]   Capechi, M. R. (1980) *Cell* **22**, 479–488.

[4]   Gurdon, J. B.; Melton, D. A. (1981) *Annu. Rev. Genet.* **15**, 189–218.

[5]   Ryoji, M.; Worcel, A. (1985) *Cell* **40**, 923–932.

[6]   Wirtz, U.; Schell, J.; Czernilofsky, A. P. (1987) *DNA* **6**, 245–253.

[7]   Czernilofsky, A. P.; Hain, R.; Baker, B.; Wirtz, U. (1986) *DNA* **5**, 473–482.

[8]   Jongsma, M.; Koornneef, M.; Zabel, P.; Hille, J. (1987) *Plant Mol. Biol.* **8**, 383–394.

[9]   Morota, H.; Uchimiya, H. (1988) *Theor. Appl. Genet.* **76**, 161–164.

[10] Pröls, M.; Töpfer, R.; Schell, J.; Steinbiß, H.-H. (1988) *Plant Cell Rep.* **7**, 221–224.

[11] Töpfer, R.; Pröls, M.; Schell, J.; Steinbiß, H.-H. (1988) *Plant Cell Rep.* **7**, 225–228.

[12] Janssen, B.-J.; Gardner, R. C. (1989) *Plant Mol. Biol.* **14**, 61–72.

[13] Vancanneyt, G.; Schmidt, R.; O´Connor-Sanchez, A.; Willmitzer, L.; Rocha-Sosa, M. (1990) *Mol. Gen. Genet.* **220**, 245–250.

[14] Spörlein, B.; Streubel, M.; Dahlfeld, G.; Westhoff, P.; Koop, H. U. (1991) *Theor. Appl. Genet.* **82**, 717–722.

[15] Daniell, H.; Vivekanda, J.; Nielson, B. L.; Ye, G. N.; Tewari, K. K.; Sanford, J. C. (1990) *Proc. Natl. Acad. Sci. USA* **87**, 88–92.

[16] Steinbiß, H.-H.; Davidson, A. D. (1991) *Subcellular Biochemistry* **17**, 143–166.

[17] Denecke, J.; Gossele, V.; Bottermann, J.; Cornelissen, M. (1989) *Methods in Molecular and Cell Biology* **1**, 19–27.

[18] Lepetit, M.; Ehling, M.; Gigot, C.; Hahne, G. (1991) *Plant Cell Rep.* **10**, 401–405.

[19] Zakai, N.; Ballas, N.; Hershkovitz, M.; Broido, S.; Ram, R.; Loyter, A. (1993) *Plant Mol. Biol.* **21**, 823–834.

[20] Krautwig, B.; Lazzeri, P. A.; Lörz, H. (1994) *Plant Cell, Tissue and Organ Culture* **39**, 43–48.

[21] Vasil, V.; Clancy, M.; Ferl, R. J.; Vasil, I. K.; Hannah, L. C. (1989) *Plant Physiol.* **91**, 1575–1579.

[22] Maas, C.; Laufs, J.; Grant, S.; Korfhage, C.; Werr, W. (1991) *Plant Mol. Biol.* **16**, 199–207.

[23] Rathus, C.; Bower, R.; Birch, R. G. (1993) *Plant Mol. Biol.* **23**, 613–618.

[24] Clancy, M.; Vasil, V.; Hannah, L. C.; Vasil, I. K. (1994) *Plant Science* **98**, 151–161.

[25] Takumi, S.; Otani, M.; Shimada, T. (1994) *Plant Science* **103**, 161–166.

1.5   Integrationsnachweis

Transgene Zellen oder Pflanzen kann man auf sehr unterschiedliche Art analysieren, und es findet sich in der Literatur keine einheitliche Vorgehensweise. Ganz sicher ist aber, daß die Analyse der Pflanzen sehr viel aufwendiger und kostenintensiver als ihre Herstellung ist. Das mag einer der Gründe dafür sein, warum in vielen Veröffentlichungen Ergebnisse besprochen werden, die auf der Analyse nur weniger, speziell ausgelesener Pflanzen beruhen. Somit blieb das Phänomen „stille Gene" (Abschnitt 1.6) lange Zeit ebenso unentdeckt wie die Tatsache, daß nicht jeder transgene Kallus ausschließlich transgene Sprosse hervorbringt [1].

Hat man nur wenige transgene Pflanzen, kann man die Integration mit einer Southern Blot-Analyse [2] und die mRNA mit einem Northern Blot [3] nachweisen; zur Identifizierung der Proteine dient ein Western Blot [3] beziehungsweise ein Immunoblot, wenn gegen das Genprodukt gerichtete Antikörper vorhanden sind, und/oder ein Enzymtest. Wie sieht es aber aus, wenn beispielsweise 100 Pflanzen zu untersuchen sind, von denen man nicht sicher weiß, ob sie alle transgen sind? In diesem Fall würde man heute mit der Polymerasekettenreaktion (PCR) vorselektionieren, denn das Gen ist ja durch die Klonierungsarbeiten bekannt, und es lassen sich somit optimale Primer herstellen [4]. Nach sorgfältigen Kontrollen und negativem Befund ist die untersuchte Pflanze als nicht transgen einzuordnen. Alle positiv eingestuften Kandidaten müssen dann aber auch noch je nach Untersuchungsziel den anderen oben angeführten Testmethoden unterworfen werden, denn die PCR-Methode ist so empfindlich, daß sie im Testsystem geringste Kontaminationen mit fremder DNA erkennt. Manche Arbeitsgruppen haben deshalb einen speziellen PCR-Arbeitsplatz, wo ausschließlich diese Arbeiten durchgeführt werden. Man darf auch nicht vergessen, daß einige selektierbare Markierungsgene, wie zum Beispiel *bar* oder *pat* (Abschnitt 1.3), die von vielen

Gruppen in der Welt verwendet werden, aus weit verbreiteten Mikroorganismen gewonnen wurden. Die PCR-Methode würde ohne Zweifel geringste Spuren der betreffenden Mikroorganismen entdecken und ein irreführendes Signal geben.

Um die Methode von Southern [2, 3] durchführen zu können, wird ein Teil der transgenen Pflanze schonend homogenisiert und daraus DNA isoliert. Die nächsten Schritte sollten sehr sorgfältig durchdacht werden, denn hier liegt eine Fehlerquelle vieler zweifelhafter Analysen. Die hochmolekulare Pflanzen-DNA muß auf jeden Fall mit Restriktionsenzymen zerkleinert werden, damit man sie gelelektrophoretisch auftrennen kann. Welche Enzyme sollte man dazu auswählen? Allgemein üblich ist ein Enzym oder eine Enzymkombination, die das klonierte Gen komplett aus dem Pflanzengenom ausschneiden können. Diese Fragmente sind gleich groß und werden sich dann im Gel in einer Bande sammeln. Enthält aber die Pflanzen-DNA eine oder mehrere Kopien des klonierten Gens, bei denen eine oder beide Schnittstellen nicht mehr vorhanden sind, dann treten zusätzliche Banden auf, denn es werden nun Schnittstellen einbezogen, die außerhalb des klonierten Gens liegen.

Wenn man ganz sicher sein will, daß die klonierte DNA tatsächlich ein Teil der Pflanzen-DNA ist, wählt man ein ein Enzym aus, das im klonierten Gen nur einmal schneiden kann. Zwangsläufig sucht es sich eine zweite Schnittstelle außerhalb des Gens. Es wäre ein großer Zufall, wenn dann alle Fragmente gleich groß wären und nur eine Bande im Gel aufträte. Vielmehr werden je nach Kopienzahl zwei oder mehr Fragmentgrößen entstehen.

Zu guter Letzt sollte man auf das Gel auch eine völlig ungespaltene Pflanzen-DNA auftragen. In diesem Fall bleibt das klonierte Gen zusammen mit der hochmolekularen Pflanzen-DNA in der Tasche des Gels, oder es wandert nur geringfügig ins Gel ein. Anschließend wird das fertige Gel denaturiert, das heißt, die doppelsträngige Pflanzen-DNA wird in Einzelstrang-DNA umgewandelt und an ein Nitrocellulosefilter gebunden. Man benetzt dann das Filter mit einer radioaktiven Sonde für das klonierte Gen, und durch Autoradiographie läßt sich anschließend zeigen, welche Bande im Gel das klonierte Gen enthält. Aus der Stärke des Signals und der Zahl der Banden lassen sich auch Rückschlüsse auf die Kopienzahl pro Pflanzengenom ziehen, wenn man zur Kontrolle im Gel die Menge an klonierter DNA mitlaufen läßt, welche genau einer Kopie der klonierten DNA pro Pflanzengenom entspricht. Aus der Bandenzahl erkennt man zudem noch die Zahl der Integrationsorte (Loci).

Literatur

[1] Jordan, M. C.; McHughen, A. (1988) *Plant Cell Rep.* **7**, 285–287.
[2] Southern, E. M. (1975) *J. Mol. Biol.* **98**, 503–517.
[3] Sambrook, J.; Fritsch, E. F.; Maniatis, T. (Hrsg.) (1989) *Molecular Cloning.* Cold Spring Harbor Laboratory Press, New York.
[4] Newton, C. R.; Graham, A. (1994) *PCR.* Spektrum Akademischer Verlag, Heidelberg.

1.6   Verlust der Genexpression

Transgene Pflanzen herzustellen, ist heute oftmals schon Laborroutine. In zahlreichen Freilandexperimenten wird gegenwärtig getestet, ob das angestrebte Ziel auch tatsächlich erreicht worden ist (Abschnitt 8.2). Dabei geht es nicht nur um die Frage, ob sich die transgenen Pflanzen gegen Viren, Pilze oder Bakterien erfolgreich wehren können, sondern auch um die Vererbung der neu erworbenen Eigenschaften. Denn nur wenn dieser Phänotyp stabil bleibt und von Generation zu Generation weitervererbt wird, kann eine transgene Pflanze wirtschaftlich genutzt werden. Dazu sind Freilandexperimente unerläßlich, da man die jeweiligen Standortbedingungen in Gewächshäusern nicht ausreichend simulieren kann.

Es gibt heute viele Beispiele dafür, daß die Expression des fremden Gens in transgenen Pflanzen ganz ausbleibt oder unerwartet schwach ausfällt. In der Anfangsphase der Gentechnik an höheren Pflanzen konzentrierte sich das Interesse der Wissenschaftler hauptsächlich auf die Fälle, in denen die Vererbung des übertragenen Gens gemäß den Mendelschen Regeln erfolgte und das Genprodukt zweifelsfrei nachweisbar war [1–4]. Aber es wurden auch manchmal abweichende Fälle beschrieben und mit einer zu großen Kopienzahl des fremden Gens beziehungsweise mit den Besonderheiten des Integrationsortes begründet [5–7]. Jahre später begann man aber mit der detaillierten Ursachenanalyse, und heute erkennen wir, daß dieses Forschungsgebiet eine entscheidende Rolle für die Zukunft der Gentechnik bei höheren Pflanzen spielt. Denn Reduzierung oder Verlust der Genexpression sind keine „Unfälle" in der Gentechnik, sondern legen bisher unbeachtete Seiten der Genregulation offen, die man verstehen und beachten muß, wenn für Grundlagenforschung, Industrie und Landwirtschaft transgene Pflanzen hergestellt werden sollen. Zusätzlich ermöglicht dieses Phänomen interessante Einblicke in die Evolution von Genen und Genomen [8, 9].

Agrobacterium tumefaciens ist als Genfähre beliebt, weil man mit ihm in jedem Experiment einen hohen Prozentsatz transgener Pflanzen bekommt, die jeweils nur eine Kopie der übertragenen DNA enthalten [10]. Dennoch fand man auch hier in manchen Fällen mehrere Kopien pro Pflanze [11]. Einmal wurde eine deutliche Hemmung der Genexpression bei gleichzeitigem Anstieg des Methylierungsgrades beobachtet, den man durch Zugabe von 5-Azacytosin wieder reduzieren konnte [12]. Allerdings ist in diesem Fall nicht bekannt, ob die Methylierung Ursache oder Folge der Geninaktivierung ist.

Pflanzen können durch Methylierung des Cytosins im Dinucleotid CG oder im Trinucleotid CNG (N kann jede beliebige Base sein) die Aktivität von Genen abschalten, indem das Methylcytosin nachteilig in die Protein-DNA-Interaktionen eingreift. Dieser wahrscheinlich ganz normale Regulationsmechanismus wurde im Laufe des Kölner Freilandexperimentes mit transgenen Petunien nachgewiesen [13]. In diesem speziellen Fall wurde sogar beobachtet, daß sich das stark methylierte fremde Gen in einer Umgebung mit deutlich geringerem Methylierungsgrad befand. Das mußte zwangsläufig zu der faszinierenden Hypothese führen, daß Pflanzen unter bestimmten Umständen „fremde DNA" in ihrem Genom erkennen und dann durch Methylierung inaktivieren können [14].

Chalconsynthase ist ein Schlüsselenzym für die Anthocyansynthese. Wenn es nicht gebildet wird, blüht zum Beispiel eine normalerweise rote Petunie weiß. Napoli und Mitarbeiter transformierten Petunien mit dem Gen für die Chalconsynthase. Die transgenen Pflanzen enthielten nun ihr eigenes Gen für die Chalconsynthase und zusätzlich noch mindestens eine weitere Kopie dieses Gens. Das führte dazu, daß einige Pflanzen völlig weiße Blüten bekamen, und viele andere hatten einen deutlich verringerten Anthocyangehalt, oder die Blütenfarbe konzentrierte sich auf einzelne Sektoren der Blüte. Diese Phänomene traten nicht in allen Blüten auf und können offensichtlich im Laufe der Pflanzenentwicklung modifiziert werden. Genauere Untersuchungen haben gezeigt, daß der Pigmentverlust daraus resultiert, daß sowohl von dem eigenen, wie auch von dem neuen Gen für Chalconsynthase sehr wenig mRNA vorhanden war [15]. Da die Aktivität beider Gene gleichzeitig eingeschränkt wurde, spricht man von „Cosuppression". Wenn aber Wechselwirkungen zwischen fremden Genen auftreten, mit denen gleichzeitig oder nacheinander transformiert wurde, dann wird in der Fachliteratur der Begriff *transinactivation* benutzt [8, 9]. Allerdings sollte man hier nicht allzu dogmatisch vorgehen, denn die Aufklärung der zugrundeliegenden Prozesse hat gerade erst begonnen.

Im Idealfall enthält das Genom einer transgenen Pflanze nur eine Kopie des fremden Gens [10]. Hat man nun aber zwei oder mehrere Kopien in der transgenen Pflanze, dann muß mit *trans*-Inaktivierung gerechnet werden, auch wenn die Gene verstümmelt sind. Es reicht offensichtlich schon aus, wenn man zum Transformieren zwei verschiedene Gene benutzt, die eine Homologie von etwa 90 Basenpaaren aufweisen, oder eine Pflanze zweimal hintereinander mit dem gleichen Gen transformiert beziehungsweise zwei gleiche Gene in einer Pflanze durch Kreuzung vereinigt, so daß es zur *trans*-Inaktivierung kommt. Nicht selten verändert sich dabei auch das Methylierungsmuster der betroffenen Gene [16–23].

Noch völlig offen ist die Frage, ob *trans*-Inaktivierung auch bei Experimenten zu erwarten ist, die mit der „transienten Genexpression" (Abschnitt 1.4) durchgeführt wurden, wie zum Beispiel Promotorvergleiche, bei denen mit Sicherheit eine Vielzahl von gleichartigen Genen zur selben Zeit in die Pflanzenzelle gelangt. Für die Anwendung transgener Pflanzen sollte man außerdem wissen, ob Probleme auftreten können, wenn man transgene Pflanzen vom heterozygoten in den homozygoten Zustand überführt, denn viele Kulturpflanzen wie Reis, Weizen und Gerste sind Selbstbefruchter. Noch gibt es dazu widersprüchliche Befunde: Beim Tabak wurde die Aktivität des neu eingebrachten Gens beim Wechsel vom heterozygoten Zustand in den homozygoten deutlich reduziert [24], während beim Reis kein Unterschied zu beobachten war [25].

Für die molekularen Ursachen des Phänomens „Geninaktivierung" gibt es zur Zeit eine Vielzahl von Hypothesen, die in der Regel auf Einzelexperimenten beruhen. Man versucht weltweit die vielen Einzelbausteine zu einem Bild zu vereinen und Lücken durch weitere Experimente mit transgenen Pflanzen zu schließen [8, 9]. Für die angewandte Gentechnologie bei Pflanzen gilt aber schon jetzt, daß man die bekannten Risiken der Cosuppression und *trans*-Inaktivierung durch eine geschickte Versuchsplanung zu vermeiden sucht oder diese Phänomene ganz bewußt zum Inaktivieren pflanzeneigener Gene ausnutzt.

Literatur

[1]   Otten, L.; DeGreve, H.; Hernalsteens, J. P.; Van Montagu, M.; Schieder, O.; Straub, J.; Schell, J. (1981) *Mol. Gen. Genet.* **183**, 209–213.

[2]   De Block, M.; Herrera-Estrella, L.; Van Montagu, M.; Schell, J.; Zambryski, P. (1984) *EMBO J*. **3**, 1681–1690.

[3]   Hain, R.; Stabel, P.; Czernilofsky, A. P.; Steinbiß, H.-H.; Herrera-Estrella, L.; Schell, J. (1985) *Mol. Gen. Genet*. **199**, 161–168.

[4]   Potrykus, I.; Saul, M.; Petruska, J.; Paszkowski, J.; Shillito, R. D. (1985) *Mol. Gen. Genet*. **199**, 183–188.

[5]   Jones, J. D.; Dunsmuir, P.; Bedbrock, J. (1985) *EMBO J*. **4**, 2411–2418.

[6]   Eckes, P.; Schell, J.; Willmitzer, L. (1985) *Mol. Gen. Genet*. **199**, 216–221.

[7]   Hobbs, S. L. A.; Kpodar, P.; Delong, C. M. Q. (1990) *Plant Mol. Biol*. **15**, 851–864.

[8]   Flavell, R. B. (1994) *Proc. Natl. Acad. Sci. USA* **91**, 3490–3496.

[9]   Finnegan, J.; McElroy, D. (1994) *Bio/Technology* **12**, 883–888.

[10]   Budar, F.; Thia-Toong, L.; Van Montagu, M.; Hernalsteens, J.-P. (1986) *Genetics* **114**, 303–313.

[11]   Gelvin, S. B.; Karcher, S. J.; DiRita, V. J. (1983) *Nucl. Acids Res.* **11**, 159–174.

[12]   Hepburn, A. G.; Clarke, L. E.; Pearson, L.; White, J. (1983) *J. Mol. Appl. Genet*. **2**, 315–329.

[13]   Meyer, P.; Linn, F.; Heidmann, I.; Meyer, H.; Niedenhof, I.; Saedler, H. (1992) *Mol. Gen. Genet*. **231**, 345–352.

[14]   Meyer P.; Heidmann, I. (1994) *Mol. Gen. Genet*. **243**, 390–399.

[15]   Napoli, C.; Lemieux, C.; Jorgensen, R. (1990) *The Plant Cell* **2**, 291–299.

[16]   Jorgensen, R. (1992) *AgBiotech News Inf*. **4**, 265–273.

[17]   Kooter, J. M.; Mol, J. N. M. (1993) *Curr. Opin. Biotech*. **4**, 166–171.

[18]   Matzke, M. A.; Matzke, A. J. M. (1993) *Annu. Rev. Plant Physiol. Plant Mol. Biol*. **44**, 53–76.

[19]   Assaad, F.; Tucker, K. L.; Signer, E. R. (1993) *Plant Mol. Biol*. **22**, 1067–1085.

[20]   Scheid, O. M.; Paszkowski, J.; Potrykus, I. (1993) *Mol. Gen. Genet*. **228**, 104–112.

[21]   Goring, D. R.; Thomson, L.; Rothstein, S. J. (1991) *Natl. Acad. Sci USA* **88**, 1770–1774.

[22]   Matzke, M. A.; Matzke, A. J. M. (1995) *Plant Physiol*. **107**, 679–685.

[23]   Vaucheret, H. (1993) *C.R. Acad. Sci. Paris, Science de la vie/Life Sciences* **316**, 1471–1483.

[24] De Carvalho, F.; Gheysen, G.; Kushnir, S.; Van Montagu, M.; Inzé,
      D.; Castresana, C. (1992) *EMBO J.* **11**, 2595–2602.
[25] Peng, J.; Wen, F.; Lister, R. L.; Hodges, T. K. (1995) *Plant Mol.
      Biol.* **27**, 91–104.

1.7 Somaklonale Variation

Wie Larkin und Scowcroft 1981 nach gründlichem Literaturstudium fest-
stellten, kann die Gewebekultur genetische Veränderungen hervorrufen,
die auf die Nachkommen übertragbar sind [1]. Sie schlugen für dieses
Phänomen den Begriff „somaklonale Variation" vor. Er hat sich allgemein
durchgesetzt, auch wenn er in gewissem Sinne irreführend ist [2]. Variabilität tritt nämlich auch während der Kultur von Mikro- oder Megaspo-
ren auf, also in haploidem Pflanzenmaterial. Folgerichtig müßte man in
diesem Fall von gametoklonaler Variation sprechen und den Begriff somaklonale Variation auf die Gewebekultur vegetativer Zellen beschrän-
ken, was sich aber nicht durchgesetzt hat.

Man kennt eine Fülle von auslösenden Faktoren, die für die Art und
Frequenz der Variation verantwortlich sind [3, 4]. Ganz sicher spielen der
Genotyp und der Ploidiegrad des Materials eine wichtige Rolle. Aber
auch die langwierige Prozedur der Gewebekultur beinhaltet zahlreiche
Einflüsse, die Variationen auslösen können. Hinzu kommt, daß Variabilität schon im Ausgangsmaterial vorhanden sein kann, wenn man bei Pflanzen eine spontane Mutationsrate zwischen 10^{-4} und 10^{-7} pro Locus an-
nimmt. Es ist deshalb außerordentlich schwierig, die auslösenden Faktoren experimentell nachzuweisen. Das wäre aber von Bedeutung, wenn
man Vorhersagen über die Qualität und das Ausmaß der somaklonalen
Variation machen möchte beziehungsweise Anweisungen geben will, wie
man sie vermeiden kann.

Während die somaklonale Variation in der konventionellen Pflanzenzüchtung neben der Mutationszüchtung als Züchtungsmethode eine feste
Größe geworden ist [5–11], sollte man sie beim Herstellen von transgenen Pflanzen nach Möglichkeit vermeiden. Leider benötigen alle erfolgreichen Transformationsmethoden in unterschiedlichem Maße eine Gewebekulturphase. Die langwierigste Prozedur ist das Regenerieren von
Pflanzen aus Protoplasten. Mit der Plasmolyse der Pflanzenzellen beginnt
der Gewebekulturstreß, was sich an der Synthese von sogenannten Streß-

proteinen zeigt, und er endet eigentlich erst wieder im Gewächshaus beziehungsweise im Freiland. Ein auslösender Faktor dürfte die hormonell bewirkte Umwandlung einer ausdifferenzierten Pflanzenzelle in eine meristematische Zelle sein. Dabei spielt es keine Rolle, ob man die Gewebekultur mit Protoplasten beginnt oder ob man direkt aus Pflanzenteilen einen mehr oder weniger differenzierten Kallus gewinnt. In beiden Fällen dauert es eine gewisse Zeit (je nach Objekt mehrere Monate), bis Pflanzen regeneriert werden können. Demzufolge ist der Grad der Variation sehr uneinheitlich [1].

Die ersten Untersuchungen zur Ursache der somaklonalen Variation befaßten sich mit den Chromosomen. Leicht mit dem Mikroskop zu erfassen waren die Fälle, in denen sich im Laufe der Gewebekultur der ganze Chromosomensatz vervielfältigt hat (Polyploidie), beziehungsweise in denen einzelne Chromosomen fehlen oder mehrfach auftreten (Aneuploidie). Manchmal finden sich in den Zellen regenerierter Pflanzen unterschiedliche Chromosomenzahlen (Mixoploidie). Das kann bedeuten, daß somaklonale Variation auch in den Regeneraten auftritt. Viel wahrscheinlicher ist aber, daß sich eine Pflanze aus mehreren Kalluszellen regeneriert hat. Schwieriger ist der mikroskopische Nachweis von Gen- und Chromosomenmutationen und der Nachweis, daß sie durch die Gewebekultur hervorgerufen wurden. Wie zahlreiche Veröffentlichungen belegen, umfaßt somaklonale Variation alle Mutationstypen und kommt auch in Plastiden oder Mitochondrien vor [1, 14, 15].

Es wäre eine unzulässige Vereinfachung, wenn man somaklonale Variation nicht auch auf molekularer Ebene suchen würde. Gewebekultur in Kombination mit strenger Selektion kann zum Beispiel zur Vermehrung von DNA-Abschnitten (Amplifikation) führen, die ein Resistenzgen enthalten, was zu Folge hat, daß mehr mRNA gebildet wird und die transgene Pflanze ein höheres Resistenzniveau erreicht [16]. Weiterhin wirkt sich Gewebekultur auch auf das Methylierungsmuster der DNA aus, was zur Aktivierung oder zum Abschalten von Genen führen kann [17].

Zusammenfassend kann man sagen, daß somaklonale Variation ein Sammelbegriff für eine Vielzahl von genetischen Veränderungen ist, die sich in der Pflanzenzüchtung zur Erzeugung genetischer Variabilität bewährt haben, die aber auch die Eigenschaften transgener Pflanzen unvorhersehbar beeinflussen können. Wie kann man das verhindern? Ideal wären Transformationsmethoden ohne jede Gewebekultur oder zumindest nur mit einer ganz kurzen derartigen Phase. Gegenüber Protoplasten bieten unreife Embryonen bei Getreide die Chance einer deutlich kürzeren Gewebekulturphase. Zur Transformation von Embryonen stehen verschiedene Methoden wie Partikelbeschuß-Technik (Abschnitt 3.3), Elektroporation (Abschnitt 3.7) und neuerdings auch *Agrobacterium tumefaciens* (Abschnitt 6.2) zur Verfügung. Wäre das ein Schritt in die richtige Richtung? Wahrscheinlich nicht, denn auch in diesen Systemen wurden schon Chromosomenveränderungen beobachtet [18, 19]. Wenn man bedenkt, daß schon ein kurzer Hitzeschock ausreicht, um Rekombinationen in einem Chromosom auszulösen [20], kann man nach dem heutigen Wissensstand nur den Ratschlag erteilen, möglichst viele transgene Pflanzen zu erzeugen und aus ihnen die für die jeweilige Fragestellung geeigneten Exemplare herauszusuchen, was wahrscheinlich erst im Feldversuch endgültig bestätigt werden kann. Diese einfache Feststellung hat nachhaltige Konsequenzen für die Praxis: Die Untersuchung des transgenen Materials erfordert viel mehr Zeit, Geld und Personal als seine Herstellung. Ohne es aber gründlich gesichtet zu haben, kann man nicht mit gutem Gewissen die Vektoren, das Pflanzenmaterial, die Transformationsmethode und die Gewebekulturbedingungen optimieren. Solange wir so wenig über die Hintergründe der somaklonalen Variation wissen, wird sich an dieser Situation nichts ändern.

Literatur

[1]   Larkin, P. J.; Scowcroft, W. R. (1981) *Theor. Appl. Genet.* **60**, 197–214.
[2]   Heß, D. (Hrsg.) (1992) *Biotechnologie der Pflanzen.* Verlag Eugen Ulmer, Stuttgart.
[3]   Karp, A. (1991) *Oxford Surveys of Plant Molecular and Cell Biology* **7**, 1–58.
[4]   Evans, D. A.; Sharp, W. R. (1986) *Bio/Technology* **4**, 528–532.
[5]   Ryan, S. A.; Larkin, P. J.; Ellison, F. W. (1987) *Theor. Appl. Genet.* **74**, 77–82.
[6]   Chen, T. H. H.; Lazar, M. D.; Scoles, G. J.; Gusta, L. V.; Kartha, K. K. (1987) *J. Plant Physiol.* **130**, 27–36.
[7]   Li, L. II.; Dong, Y. S. (1994) *Plant Breeding* **112**, 160–166.
[8]   Qureshi, J. A.; Hucl, P.; Kartha, K. K. (1992) *Euphytica* **60**, 221–228.
[9]   Antonetti, P. L. E.; Pinon, J. (1993) *Plant Cell, Tissue and Organ Culture* **35**, 99–106.
[10] Linacero, R.; Vázquez, A. M. (1993) *Mutation Res.* **302**, 201–205.
[11] Hawbaker, M. S.; Fehr, W. R.; Mansur, L. M.; Shoemaker, R. C.; Palmer, R. G. (1993) *Theor. Appl. Genet.* **87**, 49–53.
[12] Cress, D. A. (1982) *Plant Cell Rep.* **1**, 186–188.

[13] Fleck, J.; Durr, A.; Fritsch, C.; Vernet, T.; Hirth, L. (1982) *Plant Science Lett.* **26**, 159–165.

[14] Saleh, N. M.; Gupta, H. S.; Finch, R. P.; Cocking, E. C.; Mulligan, B. J. (1990) *Theor. Appl. Genet.* **79**, 342–346.

[15] Day, A.; Ellis, T. H. N. (1984) *Cell* **39**, 359–368.

[16] Donn, G.; Tischer, E.; Smith, J. A.; Goodman, H. M. (1984) *J. Mol. Appl. Genet.* **2**, 621–635.

[17] Brown, P. T. H.; Göbel, E.; Lörz, H. (1991) *Theor. Appl. Genet.* **81**, 227–232.

[18] Karp, A.; Maddock, S. E. (1984) *Theor. Appl. Genet.* **67**, 249–255.

[19] Pickering, R. A. (1989) *Theor. Appl. Genet.* **78**, 105–112.

[20] Lebel, E. G.; Masson, J.; Bogucki, A.; Paszkowski, J. (1993) *Proc. Natl. Acad, Sci. USA* **90**, 422–426.

2.

Direkter Gentransfer in Protoplasten

2.1 Protoplasten

Ein besonderes Merkmal der Pflanzenzelle ist ihre feste (rigide) Zellwand, die den „lebenden" Protoplasten mit Zellkern, Organellen, Vakuolen und Cytoplasma einschließt. Dadurch wird bis auf wenige Ausnahmen (zum Beispiel die Spermazellen) der direkte Kontakt zwischen den Zellen über ihre äußere Plasmamembran (Plasmalemma) verhindert. Fast alle Pflanzenzellen sind dennoch untereinander vernetzt. Das bewirken plasmatische Kanäle in den Zellwänden, die sogenannten Plasmodesmen. Normalerweise schmiegt sich das Plasmalemma eng an die Zellwand an und hat sogar wesentlichen Anteil an der Zellwandbiosynthese. Dennoch ist es nicht fest mit ihr verwachsen, sondern wird durch den Turgordruck der Zellen angepreßt [1].

Durch ihre Vakuolen sind Pflanzenzellen ausgeprägte osmotische Systeme, die auf die Stabilität der Zellwände angewiesen sind. Wird ihnen zum Beispiel Wasser entzogen, dann schrumpft der Protoplast und löst sich teilweise von der Zellwand ab. Die Verbindungen über die Plasmodesmen können dabei unter bestimmten Umständen bestehen bleiben und als sogenannte „HECHTsche Fäden" im Lichtmikroskop sichtbar werden (Abb. 2.1a). Wenn sich die Wasserversorgung wieder normalisiert, stellt sich der alte Zustand erneut ein [2]. Handelt es sich aber um einen massiven Wasserentzug, dann kugelt sich der Protoplast förmlich zusammen und verliert dabei jeglichen Kontakt zur Zellwand und zu den Nachbarzellen (Abb. 2.1b) Durch eine geeignete Kombination von Enzymen (Cellulasen und Pektinasen) lassen sich die Zellwände dann ganz entfernen oder zumindest soweit öffnen, daß der Protoplast in die umgebende Flüssigkeit austreten kann (Abb. 2.1c). Bei geeigneten Zelltypen ist es

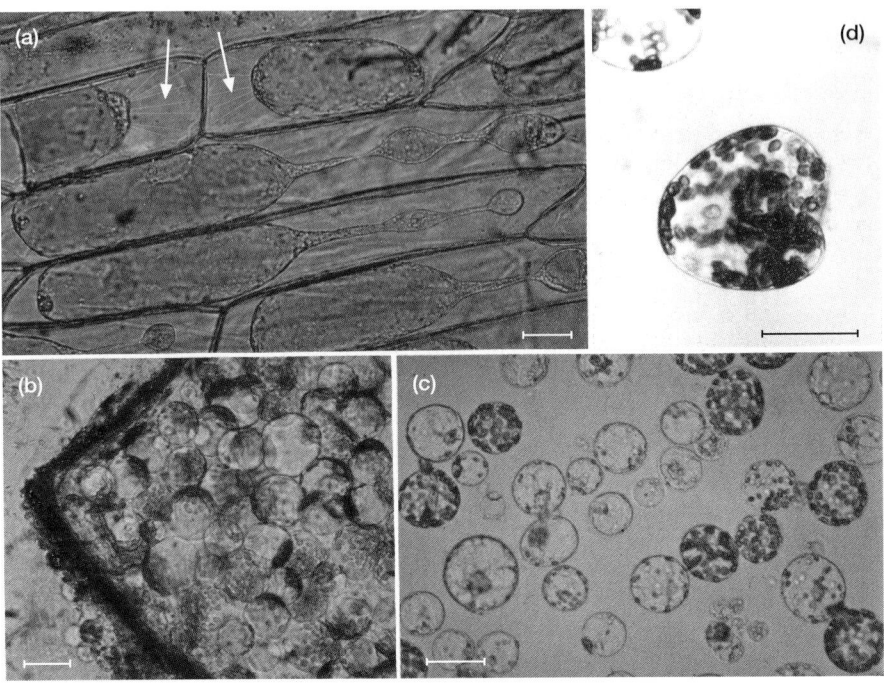

2.1 Protoplastengewinnung und Regeneration. (a) Plasmolyse einiger Epidermiszellen der Zwiebelschuppe von *Allium cepa* in 10 Prozent Mannitol (HECHTsche Fäden mit Pfeilen markiert). (b) Tabakblattstück während der enzymatischen Protoplastierung. (c) 12 Stunden alte Tabakprotoplasten. (d) Erste Zellteilung nach 4 Tagen in einem Regenerationsmedium. (Vergrößerungsbalken: 50 μm)

nicht schwierig, mit einem einzigen Ansatz viele Millionen Protoplasten für nachfolgende Experimente zu gewinnen. Viel häufiger tritt allerdings der Fall auf, daß man sich die optimalen Versuchsbedingungen erst neu erarbeiten muß, und nicht selten kann man überhaupt keine lebenden Protoplasten isolieren [3].

Es ist der besondere Verdienst von Edward C. Cocking [4], Protoplasten für die Wissenschaft nutzbar gemacht zu haben, indem er sie 1960 erstmalig in großen Mengen mit Hilfe einer Pilzcellulase aus Tomatenwurzeln isolierte. Schon früher war nämlich beschrieben worden, daß man „ nackte“ Protoplasten im reifen Fruchtfleisch von Tomaten findet [5] oder mechanisch aus Blättern isolieren kann [6]. Es dauerte aber noch fast zehn Jahre, bis sich 1971 aus Tabakprotoplasten Pflanzen regenerieren ließen (Abb. 2.1d) [7]. In der Folgezeit konzentrierte sich das Interesse der Forschergruppen auf die Entwicklung geeigneter Isolierungsmethoden und Kulturmedien, was bis heute zu einer nur noch schwer zu überblickenden Fülle experimenteller Verfahren geführt hat. Rückblickend muß man allerdings feststellen, daß es sich dabei hauptsächlich um geringfügige Veränderungen einiger Basismedien handelt, die der Fachhandel heute als Fertigmischungen anbietet [8–11].

Pflanzen aus der Familie der Nachtschattengewächse (Solanaceae) eignen sich offensichtlich besonders gut für die Gewebekultur. Mit Tabak (*Nicotiana tabacum*), Tomate (*Lycopersicon esculentum*) und Kartoffel (*Solanum tuberosum*) sind zahlreiche Fusions- und Transformationsexperimente an Protoplasten erfolgreich abgeschlossen worden. Wesentlich schwieriger gestaltet sich heute noch die Regeneration von Schmetterlingsblütengewächsen (*Fabaceae*) wie zum Beispiel Ackerbohne (*Vicia faba*), Gartenbohne (*Phaseolus vulgaris*) und Sojabohne (*Glycine max*). Die jahrelangen Entäuschungen beim Regenerieren von Getreideprotoplasten (*Poaceae*) wurden von einigen Gruppen bis zum Beginn der achtziger Jahre damit begründet, daß die Zellen ihre „Totipotenz" verloren hätten. Heute wissen wir, daß das nicht stimmt. Vielmehr deutet alles darauf hin, daß „Gewebekultureignung" vererbt werden kann. Es ist also sinnvoller, intensiv nach einem geeigneten Genotyp zu suchen, als ein bestimmtes Gewebekulturmedium an einen ungünstigen Genotyp anzupassen [11–13]. Nicht ohne Reiz sind auch die gegenwärtigen Bestrebungen, Gene für „Gewebekultureignung" zu klonieren oder durch Kreuzung in einer bestimmten Zellinie zu vereinen.

In den folgenden Abschnitten werden einige sehr erfolgreiche Transformationsmethoden vorgestellt, die völlig ohne Protoplasten auskommen (*Agrobacterium tumefaciens*, Elektroporation und Partikelbeschußtechnik). Auf den ersten Blick scheinen nun Protoplastensysteme überflüssig geworden zu sein. Bei genauem Studium erkennt man aber, daß es von großem Vorteil ist, wenn eine transgene Pflanze nicht aus einem „chimären" Gewebe, in dem jede Zelle aus einem anderen Transformationsereignis stammt, sondern aus einer einzigen Zelle regeneriert wird. Außerdem garantiert keine andere Transformationstechnik eine größere Zahl von unabhängigen Einzelzellen pro Experiment. Insofern behalten Protoplasten ihren Stellenwert in der Biotechnologie höherer Pflanzen, und es hängt von der jeweiligen Fragestellung beziehungsweise vom Stand der Gewebekulturtechnik ab, ob man sie verwendet oder nicht.

Literatur

[1]   Kleinig, H.; Sitte, P. (Hrsg.) (1992) *Zellbiologie*. 3. Auflage. Gustav Fischer Verlag, Stuttgart, Jena, New York.

[2]   Oparka, K. J. (1994) *New Phytol.* **126**, 571–591.

[3]   Potrykus, I.; Shillito, R. D. (1986) *Methods in Enzymology* **118**, 549–578.

[4]   Cocking, E. C. (1960) *Nature* **187**, 962–963.

[5]   Küster, E. (1909) *Ber. d. D. Bot. Ges.* **27**, 589.

[6]   Küster, E. (1927) *Protoplasma* **3**, 223–233.

[7]   Takebe, I.; Labib, G.; Melchers, G. (1971) *Naturwissenschaften* **58**, 318–320.

[8]   Murashige, T.; Skoog, F. (1962) *Physiol. Plantarum* **15**, 473–497.

[9]   Gamborg, O. L.; Miller, R. A.; Ojima, K. (1968) *Exp. Cell Research* **50**, 151–158.

[10] Kao, K. N.; Michayluk, M. R. (1975) *Planta* **126**, 105–110.

[11] Chu, C.-C. (1978) *Proc. Symp. Plant Tissue Culture.* Science Press, Peking. 43–50.

[12] Zelcer, A.; Soferman, O.; Itzhar, S. (1984) *J. Plant Physiol.* **115**, 211–215.

[13] Robertson, D.; Earle, E. D.; Mutschler, M. A. (1988) *Plant Cell, Tissue and Organe Culture* **14**, 15–24.

[14] Eapen, S.; Köhler, F.; Gerdemann, M.; Schieder, O. (1987) *Theor. Appl. Genet.* **75**, 207–210.

2.2   Polyethylenglykol

Protoplasten werden in der Literatur häufig als „nackte" Pflanzenzellen bezeichnet, weil ihre Zellwände mechanisch oder enzymatisch entfernt wurden. Dadurch ist das Plasmalemma die einzige Barriere zwischen Pflanzenzelle und umgebender Flüssigkeit [1]. Deshalb setzten nach der ersten erfolgreichen Protoplastenregenerierung durch Nagata und Takebe 1971 (Abschnitt 2.1) besonders intensive Bemühungen ein, Nucleinsäuren wie die RNA des Tabakmosaikvirus (TMV) oder DNA von Phagen beziehungsweise Pflanzen ins Cytoplasma von Protoplasten einzuschleusen [2]. Da in den siebziger Jahren noch nicht mit charakterisierten Genen gearbeitet werden konnte, mußte die Aufnahme unter anderem mit radioaktiv markierter DNA, Dichtegradientenzentrifugation oder phänotypischen Veränderungen nachgewiesen werden, was zu sehr kontroversen Diskussionen über die Aussagekraft dieser Experimente führte [3–5]. Parallel zu dieser Entwicklung nahm seit 1973 die Transformation von tieri-

schen Zellen durch Einführung der Calciumphosphattechnik [6] einen
sehr raschen Aufschwung. So verwundert es nicht, daß viele bei Tierzellen erfolgreich angewendete Methoden mit mehrjähriger Verzögerung
auch auf Protoplasten übertragen wurden [7, 8].

Die erfolgreiche Aufnahme von Nucleinsäuren durch Protoplasten setzt
einen möglichst engen Kontakt zwischen beiden Partnern voraus. Da
Nucleinsäuren und Plasmalemma negative Ladungen tragen, benutzt man
als Vermittler positiv geladene divalente Kationen wie Ca^{2+} oder Mg^{2+}.
Auch die Polykationen Polyornithin und Polylysin erfüllen diesen Zweck.
Anschließend muß man noch das Plasmalemma dazu veranlassen, die an
der Oberfläche konzentrierten Nucleinsäuren durch Einstülpungen und
Vesikelbildung in den Protoplasten aufzunehmen (Endocytose). Als besonders geeignet hat sich dazu Polyethylenglykol erwiesen. Vereinzelt
wird auch Dimethylsulfoxid, Polyvinylalkohol oder einfach nur ein stark
alkalisches Milieu (pH 10) verwendet [9].

Ab 1977 wirkte sich bei Tierzellen die Korrektur von Thymidinkinase-
Mangelmutanten durch Transformation mit dem Gen für Thymidinkinase
in Kombination mit einem sehr wirkungsvollen Selektionssystem stimulierend auf die Entwicklung neuer Transformationsmethoden aus [10].
Bei Protoplasten nahm ab 1980 das Ti-Plasmid von *Agrobacterium tumefaciens* diese Rolle ein: Der Transformationserfolg ließ sich von nun an
direkt durch Nachweis von tumorspezifischen Aminosäuren (Opinen) in
transformierten Zellen und hormonunabhängigem, tumorartigem Wachstum nachweisen [11, 12]. Damit war gleichzeitig bewiesen, daß das Ti-
Plasmid alle Informationen zur Bildung von Tumoren trägt (Abschnitt
5.2). Fünf Jahre später wurde das natürliche Ti-Plasmid mit gentechnischen Mitteln so verändert, daß keine Tumorbildung mehr möglich war.
Statt dessen ließen sich von nun an klonierte Einzelgene mit *Agrobacterium tumefaciens* in Pflanzen übertragen (Abschnitt 5.2). Parallel dazu
wurden klonierte Resistenzgene (Abschnitt 1.3) mit Polyethylenglykol
und Ca- beziehungsweise Mg-Ionen auch „direkt" zum Transformieren
benutzt [13–16].

Ein wichtiges Kriterium für die Bewertung von Transformationsmethoden ist die sogenannte Transformationsfrequenz. Leider gelang es bis
heute nicht, eine einheitliche Berechnungsgrundlage zu schaffen, was
manchen Streit vermieden hätte. Sehr oft wurde in der Vergangenheit die
Zahl der transgenen Kalli in Relation zur Zahl der eingesetzten Protoplasten gesetzt, was äußerst ungenau ist, weil jede Protoplastenaufarbeitung
sehr verschieden zusammengesetzt ist und weil man die Vitalität der
Protoplasten mikroskopisch nicht beurteilen kann. Außerdem lassen sich
Protoplasten aus Blättern mit ihren verschiedenen Zelltypen nicht mit

solchen aus ziemlich homogenen Suspensionskulturen vergleichen. Manche Arbeitsgruppen wählten als Bezugspunkt die Zahl der Kalli, die der Selektion unterzogen werden sollten. Damit wurden zumindest die nicht lebensfähigen Protoplasten ausgesondert. Beide Berechnungsweisen berücksichtigen aber nicht die Gewebekultureignung von Protoplasten verschiedener Herkunft und die Qualität der jeweiligen Protoplastenaufarbeitungen. So schneidet beispielsweise die Modellpflanze Tabak bei dieser Berechnung von Transformationsraten grundsätzlich besser ab als die schwierig zu handhabende Sonnenblume. Die Zahl der Transformanten hängt außerdem sehr stark vom Typ des Selektionssystems und der Konzentration des Selektionsmittels ab: Je schwächer der Selektionsdruck, desto mehr Transformanten bekommt man. Oft haben sich auch schon „resistente" Kalli bei einer genaueren Analyse als nicht transformiert herausgestellt (escapes). Aus allen diesen Gründen sollte man Angaben zur Transformationsrate sehr kritisch gegenüberstehen und mehr auf die tatsächlich erzielte Zahl von unabhängigen Transformanten achten als auf „wohlwollend" errechnete Prozente.

Seit es allgemein üblich ist, die regenerierenden Zellen sehr früh nach der DNA-Aufnahme in Agarose oder Alginat einzubetten [17, 18], bietet sich die Möglichkeit, zwei etwa gleich große Mengen von Zellen in ihrer Entwicklung direkt zu vergleichen: Eine Hälfte unterwirft man der Selektion, und die andere kann sich ganz normal entwickeln. Nach einigen Wochen wird ausgezählt, wieviele Kalli mit und ohne Selektion gewachsen sind. Wenn man daraus eine Transformationsfrequenz ermittelt, scheiden einige der oben genannten Fehlerquellen aus.

In den letzten Jahren gab es zahlreiche methodische Verbesserungen, vor allem was die Konzentration und das Molekulargewicht des Polyethylenglykols, die Molarität der divalenten Kationen und den pH-Wert des Transformationsmediums anging. Auch Kombinationen mit Hitzeschock [18], Elektroporation [19], UV-Licht [20] oder Röntgenstrahlen [21] sind hervorzuheben. Abgesehen vom Hitzeschock wird jedoch der zusätzliche apparative Aufwand nicht durch die Steigerung der Transformationsfrequenz gerechtfertigt. Ganz im Gegenteil: Einige „Verbesserungen" sollte man äußerst kritisch betrachten, denn es handelt sich hier nicht nur um eine verbesserte Aufnahme von DNA, sondern es werden im Zellkern unkontrolliert Prozesse wie Reparatur von geschädigter DNA oder ganz allgemeine Hitzestreßreaktionen ausgelöst und bewußt ausgenutzt, die zu unerwarteten Ergebnissen führen können.

Die Transformation von Protoplasten mit Ca^{2+} oder Mg^{2+} und Polyethylenglykol hat bis heute nichts an Attraktivität verloren. Dank zahlreicher Protokolle ist sie sehr einfach und im Vergleich zu anderen Techniken

„billig". Da man bei sorgfältiger Durchführung davon ausgehen kann, daß jeder transgene Kallus aus einem einzigen Protoplasten hervorgegangen ist, entfällt auch die Sorge, eine Pflanze zu regenerieren, die sich aus Zellen verschiedener Transformationsereignisse zusammensetzt (Chimäre). Man nimmt nämlich heute an, daß sich Sprosse grundsätzlich aus mehreren Zellen eines Kallus entwickeln. Allerdings sind nicht alle Zellen dieses Kallus genetisch identisch, und man darf deshalb nicht den Begriff „Klon" verwenden, weil während der Gewebekulturphase genetische Veränderungen auftreten, die man unter dem Sammelbegriff „somaklonale Variationen" zusammenfaßt (Abschnitt 1.7).

Eine Transformation mit Polyethylenglykol läßt sich praktisch bei allen Pflanzen durchführen, wenn man bei ihnen aus Protoplasten Pflanzen regenerieren kann [22]. Da das aber gerade bei den wichtigsten Kulturpflanzen, den Getreiden, immer noch große Schwierigkeiten bereitet, sind andere Transformationsmethoden wie die Partikelbeschußtechnik (Abschnitt 3.3) in den Vordergrund getreten. Auch mit *Agrobacterium tumefaciens* als Genfähre muß bei Getreide in Zukunft gerechnet werden (Abschnitt 6.2). Wenn aber bei einem Objekt mehrere Transformationsmethoden zur Auswahl stehen und man Vorteile und Nachteile gegeneinander abzuwägen hat, wird man mit großer Wahrscheinlichkeit einer PEG-Transformation von Protoplasten den Vorrang geben, weil sie den geringsten Aufwand erfordert.

Genauere Studien haben gezeigt, daß die übertragene DNA vorzugsweise in den Kern gelangt. Aber auch Plastiden lassen sich mit dieser Methode transformieren [23]. Einen bevorzugten Integrationsort auf den Chromosomen gibt es nicht. Da die fremde DNA in der Regel keine Homologien zur Pflanzen-DNA aufweist, nennt man den Integrationsmechanismus „illegitime Rekombination". Am Ende kann jedes Genom eine Kopie des fremden Gens haben. Aber auch weit mehr als 30 Kopien pro Genom wurden schon beobachtet. In der Regel sind diese aber nicht über alle Chromosomen verstreut, sondern sie liegen oft in einem Locus vereinigt [24]. Das spricht dafür, daß sich mehrere fremde Gene vor der Integration verbinden und dann als Block integriert werden. Man kann dieses Phänomen praktisch ausnutzen, wenn man zwei oder mehrere fremde Gene gleichzeitig integrieren will [25, 26]. Grundsätzlich scheint in dieser Hinsicht kein Unterschied zu *Agrobacterium tumefaciens* zu bestehen. Allerdings treten dort viel häufiger Fälle auf, wo tatsächlich nur eine Kopie des fremden Gens integriert worden ist, was gerade im Hinblick auf die Stabilität der Expression erstrebenswert ist (Abschnitt 1.6).

Literatur

[1] Cocking, E. C. (1972) *Annu. Rev. Plant Physiol.* **23**, 29–50.

[2] Cocking, E. C. (1977) *Int. Rev. Cytol.* **48**, 323–341.

[3] Kleinhofs, A.; Eden, F. C.; Chilton, A. J.; Bendich, A. J. (1975) *Proc. Natl. Acad. Sci. USA* **72**, 2748–2752.

[4] Kado, C. I.; Kleinhofs, A. (1980) *Int. Rev. Cytology, Supplement* **11B**, 47–80.

[5] Kleinhofs, A.; Behki, R. (1977) *Annu. Rev. Genet.* **11**, 79–101.

[6] Graham, F. L.; Van der Eb, A. (1972) *Virology* **52**, 456–467.

[7] Wright, J. A.; Lewis, W. H.; Parfett, C. L. J. (1980) *Can. J. Genet. Cytol.* **22**, 443–496.

[8] Strauss, M.; Kiessling, U.; Platzer, M. (1986) *Biol. Zentralbl.* **105**, 209–243.

[9] Shillito, R. D.; Potrykus, I. (1987) *Methods in Enzymology* **153**, 313–336.

[10] Wigler, M.; Silverstein, S.; Lee, L. S.; Pellicer, A.; Cheng, Y. C.; Axel, R. (1977) *Cell* **11**, 223–232.

[11] Davey, M. R.; Cocking, E. C.; Freeman, J.; Pearce, N.; Tudor, I. (1980) *Plant Science Lett.* **18**, 307–313.

[12] Krens, F. A.; Molendijk, L.; Wullems, G. J.; Schilperoort, R. A. (1982) *Nature* **296**, 72–74.

[13] Negrutiu, I.; Shillito, R.; Potrykus, I.; Biasini, G.; Sala, F. (1987) *Plant Mol. Biol.* **8**, 363–373.

[14] Maas, C.; Werr, W. (1989) *Plant Cell Rep.* **8**, 148–151.

[15] Negrutiu, I.; Dewulf, J.; Pietrzak, M.; Bottermann, J.; Rietvield, E.; Wurzer-Figurelli, E. M.; Ye, D.; Jacobs, M. (1990) *Physiol. Plantarum* **79**, 197–205.

[16] Paszkowski, J.; Saul, M. W. (1986) *Methods in Enzymology* **118**, 668–684.

[17] Shillito, R. D.; Paszkowski, J.; Potrykus, I. (1983) *Plant Cell Reports* **2**, 244–277.

[18] Brodelius, P.; Deus, B.; Mosbach, K.; Zenk, M. (1979) *FEBS Lett.* **103**, 93–97.

[19] Shillito, R. D.; Saul, M. W.; Paszkowski, J.; Müller, M.; Potrykus, I. (1985) *Bio/Technology* **3**, 1099–1103.

[20] Gharti-Chhetri, G. B.; Cherdshewasart, W.; Dewulf, J.; Paszkowski, J.; Jacobs, M.; Negrutiu, I. (1990) *Plant Mol. Biol.* **14**, 687–696.

[21] Köhler, F.; Benediktsson, I.; Cardon, G.; Andreo, C. S.; Schieder O. (1990) *Theor. Appl. Genet.* **79**, 679–685.

[22] Roest, S.; Gilissen, L. J. W. (1989) *Acta Bot. Neerl.* **38**, 1–23.

[23] O´Neill, C.; Horvath, G. V.; Horvath, E.; Dix, P. J.; Medgyesy, P. (1993) *The Plant J.* **3**, 729–738.

[24] Potrykus, I.; Saul, M. W.; Petruska, J.; Paszkowski, J.; Shillito, R. D. (1985) *Mol. Gen. Genet.* **199**, 183–188.

[25] Schocher, R. J.; Shillito, R. D.; Saul, M. W.; Paszkowski, J.; Potrykus, I. (1986) *Bio/Technology* **4**, 1093–1096.

[26] Tagu, D.; Bergounioux, C.; Perennes, C.; Gadal, P. (1990) *Plant Cell, Tissue and Organ Culture* **21**, 259–266.

2.3   Elektroporation

Die Elektroporation ist eine physikalische Methode zur Steigerung der DNA-Aufnahme in lebende Zellen. Sie basiert auf der Beobachtung, daß man die Durchlässigkeit von Biomembranen kurzfristig durch elektrische Pulse erhöhen kann, ohne die Membranstrukturen nachhaltig zu zerstören [1–4]. Infolge der elektrisch bewirkten Permeabilitätserhöhung kommt es vorübergehend (transient) zum Austausch von Stoffen durch die betroffenen Membranbereiche. Im einfachsten Fall kreuzen hier Ionen die Membran, die sie voher nicht passieren konnten. Aber auch Makromoleküle wie DNA und RNA lassen sich auf diesem Wege ins Cytoplasma lebender Zellen einschleusen [5, 6].

Die Methode verdankt ihren Namen der ursprünglichen Annahme, daß in der Zellmembran tatsächlich offene Poren entstehen, wie sie auch bei Erythrocyten mit dem Elektronenmikroskop sichtbar gemacht werden konnten [7]. Heute müssen wir aber annehmen, daß es sich bei der Elektroporation nicht um eine einfache Diffusion durch offene Poren handelt, sondern daß auch die elektrophoretische Beweglichkeit der DNA eine wichtige Rolle spielt [8, 9]. Die Membranpassage vollzieht sich in Bruchteilen einer Sekunde. Nucleinsäuren werden dabei blitzartig durch das Plasmalemma geschleust, was unveröffentlichte Beobachtungen mehrerer Arbeitsgruppen unterstützt, daß Elektroporation DNA stärker „mechanisch" schädigt als eine Transformation mit Polyethylenglykol und daß der Grad der Schädigung mit steigender Molekülgröße zunimmt. Ansonsten gibt es in der Literatur keinen eindeutigen Hinweis darauf, welche der beiden Methoden überlegen ist. Umgeklärt ist auch, ob mehrere Pulse hintereinander zu besseren Ergebnissen führen als ein Einzelpuls. Bemerkenswert ist in diesem Zusammenhang die Kombination aus einem kräftigen kurzen elektrischen Puls zum Öffnen von Poren und einem schwachen langen zum Einschleusen von Nucleinsäuren [9].

Da sich in der Praxis herausgestellt hat, daß man zunächst für das jeweilige Objekt die optimalen elektrischen Pulslängen und -stärken ermitteln muß und daß diese Parameter von Fall zu Fall sehr unterschiedlich sind, versuchen die im Handel erhältlichen Geräte möglichst vielen Anwendungen gerecht zu werden, was ganz zwangsläufig zu hohen Anschaffungskosten führt. Grundsätzlich kann man sich diese Elektroporationsanlagen auch selber bauen oder aus einzelnen Geräten zusammenstellen [10–12]. Selbst für die Elektroporationskammern gibt es nützliche Bauanleitungen [13].

Es empfiehlt sich, die ersten Elektroporationen mit Farbstoffen wie Trypanblau [14], Lucifer Yellow [15], Phenosafranin [16] oder radioaktiv markierten Markern [17] durchzuführen, um grundlegende technische Parameter wie Pulslänge und Feldstärke zu ermitteln. Danach ist es sinnvoll, Markergene für β-Glucuronidase (GUS) [18], Chloramphenicol-Acetyltransferase (CAT) [19, 20] oder Neomycin-Phosphotransferase [21] in elektroporierten Protoplasten zu exprimieren. Um optimale Transformationsraten zu erzielen, gilt die Faustregel, daß etwa die Hälfte der eingesetzten Protoplasten den elektrischen Puls nicht überleben darf. Das läßt sich sehr einfach mit dem Vitalfarbstoff Trypanblau kontrollieren, der nur von Zellen mit einem geschädigten Plasmalemma aufgenommen wird [14].

Mehrere Autoren beschreiben, daß Elektroporation die Zellteilungsfrequenz und die Entwicklung der regenerierten Mikrokolonien deutlich positiv beeinflußt beziehungsweise die DNA-Synthese in den behandelten Protoplasten stimuliert [22–25]. Das kann unter Umständen die quantitative Auswertung von Experimenten erschweren und sollte deshalb bei den Kontrollexperimenten berücksichtigt werden. Da die Dauer der elektrischen Pulse in der Regel den Millisekundenbereich nicht überschreitet, kann man nicht von einer Elektrokultur sprechen, bei der ein deutlich stimulierender Effekt beobachtet wurde, wenn schwache elektrische Felder längerfristig einwirken [26, 27].

Literatur

[1]   Neumann, E.; Rosenheck, K. (1972) *J. Membrane Biol.* **10**, 279–290.

[2]   Zimmermann, U.; Pilwat, G.; Riemann, F. (1974) *Biophysical J.* **14**, 881–899.

[3]   Sugar, I. P.; Neumann, E. (1984) *Biophysical Chem.* **19**, 211–225.

[4]   Zimmermann, U.; Urnovitz, H. B. (1987) *Methods in Enzymology* **151**, 194–221.

[5]   Neumann, E.; Schaefer-Ridder, M.; Wang, Y.; Hofschneider, P. H. (1982) *EMBO J.* **1**, 841–845.

[6]   Wong, T.-K.; Neumann, E. (1982) *Biochem. Biophys. Res. Com.* **107**, 584–587.

[7]   Sowers, A. E.; Lieber, M. R. (1986) *FEBS Lett.* **205**, 179–184.

[8]   Winterbourne, D. J.; Thomas, S.; Hermon-Taylor, J.; Hussain, I.; Johnstone, A. P. (1988) *Biochem. J.* **251**, 427–434.

[9]   Sukharev, S. I.; Klenchin, V. A.; Serov, S. M.; Chernomordik, L. V.; Chizmadzhev, Y. A. (1992) *Biophys. J.* **63**, 1320–1327.

[10] Kramer, D.; Hsu, S.; Miller, I.; Riley, J.; Reporter, M. (1987) *Analytical Biochem.* **163**, 464–469.

[11] Bradshaw, H.; Parson, W. W.; Sheffer, M.; Lioubin, P. J.; Multvihill, E. R.; Gordon, M. P. (1987) *Analytical Biochem.* **166**, 342–348.

[12] Fujimoto, S.; Hashimoto, H.; Ike, Y. (1991) *Plasmid* **26**, 131–135.

[13] Potter, H.; Weir, L.; Leder, P. (1984) *Proc. Natl. Acad. Sci USA* **81**, 7161–7165.

[14] Pröls, M.; Schell, J.; Steinbiß, H.-H. (1989) Critical evaluation of electromediated gene transfer and transient gene expression in plant cells. In: Neumann, E.; Sowers, A. E.; Jordan, C. A. (Hrsg.) *Electroporation and Electrofusion in Cell Biology.* Plenum Publishing Corporation, New York. 367–375.

[15] Sczakiel, G.; Döffinger, R.; Pawlita M. (1989) *Analytical Biochem.* **181**, 309–314.

[16] Lindsey, K.; Jones, M. G. K. (1987) *Planta* **172**, 346–355.

[17] Steinbiß, H.-H. (1978) *Z. Pflanzenphysiol.* **88**, 95–102.

[18] Dhir, S. K.; Dhir, S.; Hepburn, A.; Widholm, J. M. (1991) *Plant Cell Rep.* **10**, 106–110.

[19] Nishiguchi, M.; Sato, T.; Motoyoshi, F. (1987) *Bull. Natl. Inst. Agrobiol.* **3**, 105–1140.

[20] Bates, G. W.; Piastuch, W.; Riggs, C. D.; Rabussay, D. (1988), *Plant Cell, Tissue and Organe Culture* **12**, 213–218.

[21] Jones, H.; Tempelaar, M. J.; Jones, M. G. K. (1987) *Oxford Surveys of Plant Molecular & Cell Biology* **4**, 347–357.

[22] Rech, E. L.; Ochatt, S. J.; Chand, P. K.; Power, J. B.; Davey, M. R. (1987) *Protoplasma* **141**, 169–176.

[23] Chand, P. K.; Ochatt, S. J.; Rech, E. L.; Power, J. B.; Davey, M. R. (1988) *J. Exp. Bot.* **39**, 1267–1274.

[24] Gupta, H. S.; Rech, E. L.; Cocking, E. C.; Davey, M. R. (1988) *J. Plant Physiol.* **133**, 457–459.

[25] Rech, E.; Ochatt, S. J.; Chand, P. K.; Davey, M. R.; Mulligan, B. J.; Power, J. B. (1988) *Bio/Technology* **6**, 1091–1093.

[26] Rathore, K. S.; Goldsworthy, A. (1985) *Bio/Technology* **3**, 1107–1109.

[27] Mordhorst, A. P.; Lörz, H. (1992) *Physiol. Plantarum* **85**, 289–294.

2.4 Somatische Hybridisierung

Die Einführung der Protoplastentechnik Anfang der siebziger Jahre (Abschnitt 2.1) eröffnete eine völlig neue Perspektive in der Pflanzenzüchtung: Man konnte nun Hybridpflanzen durch Fusion genetisch unterschiedlicher Protoplasten herstellen. Eines der ersten Experimente war die Verschmelzung von Protoplasten des Mais (*Zea mays*) mit Haferprotoplasten (*Avena sativa*) [1]. Auch wenn damals noch keine Hybridpflanzen regeneriert werden konnten, zeichneten sich schon die zukünftige Zielsetzung und ein wesentlicher Vorteil der neuen Technologie ab: die Aussicht, durch Protoplastenfusion Hybridpflanzen herzustellen, die auf natürlichem Wege, das heißt durch Verschmelzen von Gameten, nicht entstehen können, und damit die genetische Variabilität in der Pflanzenzüchtung merklich zu verbessern [2–4]. Die Fusion allein ist aber nicht entscheidend. Man muß nämlich aus dem Fusionsprodukt auch noch eine Hybridpflanze regenerieren können, was wiederum von der Gewebekultureignung der Ausgangszellen abhängt und somit die allgemeine Anwendbarkeit dieser Methode erheblich einschränkt. Zwangsläufig werden dadurch Hybridisierungen innerhalb der Nachschattengewächse (Solanaceae) bevorzugt, wie zum Beispiel bei Tabak, Tomate, Kartoffel und Stechapfel (*Datura spec.*), denn diese Familie zeichnet sich durch eine besonders gute Gewebekultureignung aus.

Jede Protoplastenfusion läuft unabhängig von der gewählten Fusionstechnik sehr ähnlich ab: Um die Fusion überhaupt einleiten zu können, müssen die Partner zunächst einmal in sehr engen Kontakt kommen. Anschließend verschmelzen erst nur die beiden Cytoplasmabereiche. Es entsteht also eine Zelle mit zwei Zellkernen (Heterokaryon). Die Kernfusion findet unmittelbar danach oder erst im Laufe der folgenden Zellteilung statt. Erst dann hat man echte Hybridzellen. Parallelen zur sexuellen

Vermehrung, der Fusion von Eizellen mit Spermazellen, sind offenkundig. Um aber den Unterschied deutlich herauszustellen, spricht man bei der Protoplastenfusion von einer somatischen Hybridisierung. Es spielt dabei keine Rolle, aus welchen Zellen die Protoplasten gewonnen wurden. Sie können zum Beispiel aus Blättern und Wurzeln stammen, aber auch aus Pollen, Pollenvorstufen oder Eizellen. Diese Methode, die auf den ersten Blick genial einfach aussieht, erwies sich jedoch im Laufe der Jahre als viel komplizierter, als man zunächst angenommen hatte. Das Verschmelzen der Kerne erfolgt nämlich nicht automatisch und ohne Komplikationen. Es kann vielmehr durchaus vorkommen, daß überhaupt keine Kernverschmelzung stattfindet. Dann haben nach der Zellteilung beide Tochterzellen je einen Kern der Eltern und ein gemischtes Cytoplasma. Diese Zelltypen nennt man Cybride.

Bei Hybriden und Cybriden kann es im Laufe der nächsten Zellteilungen zu einer Art Entmischung der Cytoplasmen kommen, das heißt, Mitochondrien oder Plastiden eines Fusionspartners veschwinden von Teilung zu Teilung immer mehr. Irgendwie scheinen sich die Tochterzellen stabilisieren zu wollen, denn durch die Fusion werden die mannigfaltigen Wechselwirkungen zwischen Kern und Organellen mit Sicherheit nachhaltig beeinträchtigt. Diese Störung scheint beseitigt zu sein, wenn die Mitochondrien und/oder Plastiden eines Fusionspartners völlig verschwunden sind.

Auch im Hybridzellkern, der ja jetzt die Chromosomen von zwei Eltern enthält, kann es im Laufe der nächsten Teilungen zum Verlust von Einzelchromosomen kommen (Aneuploidie). Manchmal verschwinden auch alle Chromosomen eines Fusionspartners. Das kann daran liegen, daß die Kulturbedingungen einen Partner bevorzugen. Auch das Ausgangsmaterial der Protoplasten, ihr Ploidiegrad und ihre Position im Zellzyklus (G1, S-Phase, G2 usw.) sind für eine erfolgreiche Hybridisierung ausschlaggebend. So befinden sich zum Beispiel Protoplasten aus einem Tabakblatt überwiegend in der G1-Phase, wohingegen man in Blättern der für Genetiker so bedeutenden Schmalwand (*Arabidopsis thaliana*) häufig Zellen in der G2-Phase antrifft, was in einem Hybrid zwangsläufig zu Problemen während der ersten Zellteilung führen wird.

Es verwundert also nicht, daß Hybridisierungen besonders erfolgreich sind, wenn die Fusionspartner nahe verwandt und vielleicht sogar sexuell kreuzbar sind, wie zum Beispiel *Nicotiana glauca* und *Nicotiana langsdorffii* [5]. Sie scheitern aber fast immer, wenn die Partner verwandtschaftlich sehr weit auseinanderliegen. Man bekommt dann zwar Hybridzellen und vielleicht auch noch Hybridkallus, aber keine Hybridpflanzen [6]. Natürlich gibt es Ausnahmen, denen man dann liebevoll besondere

Namen gegeben hat, beispielsweise Tomoffel für ein Tomate-Kartoffel-Hybrid [7], oder *Arabidobrassica,* ein Hybrid aus der Schmalwand *Arabidopsis thaliana* und der Rübe *Brassica campestris* [8].

Die somatische Hybridisierung wird heute in der Regel mit zwei Methoden durchgeführt: Fusion mit Hilfe von Polyethylenglykol (PEG) und Elektrofusion. Die PEG-Technik wurde 1974 eingeführt [9, 10], und man hat sie später sehr oft variiert, ohne dabei das Grundprinzip wesentlich zu verändern: PEG bewirkt den engen Kontakt zwischen den Fusionspartnern und erhöht die Flexibilität des Plasmalemmas, während die Fusion selbst durch die Anwesenheit von Ca^{2+}-Ionen eingeleitet wird. Insofern ähnelt die Protoplastenfusion der Transformation mit PEG, jedoch sind zur Fusion höhere PEG-Konzentrationen notwendig. Die zweite Möglichkeit, Protoplasten zu fusionieren, kommt prinzipiell ohne Chemikalien aus. Senda und Mitarbeiter [11] fusionierten 1979 zum ersten Mal mit Hilfe eines elektrischen Pulses Protoplasten, die sie zuvor mechanisch zwischen zwei Mikroelektroden in ganz engen Kontakt gebracht hatten. In der Arbeitsgruppe von U. Zimmermann [12] wurde daraus später eine sehr erfolgreiche biotechnologische Methode (Abb. 2.2). Verschiedene Firmen bieten heute dafür komplette Fusionsanlagen und spezielle Fusionskammern an. Als auch noch gezeigt werden konnte, daß aus elektrisch fusionierten Pflanzenzellen Hybridpflanzen entstehen können, war neben der PEG-Fusion noch eine zweite Methode zur Herstellung von somatischen Hybriden endgültig etabliert.

Ein großes Problem bei der somatischen Hybridisierung sind die vielen Fusionen, bei denen mehrere Partner wahllos miteinander fusionieren oder bei denen jeweils nur die Protoplasten eines Fusionspartners beteiligt sind. Bei der Elektrofusion bieten sich technische Lösungen in Form von speziell konstruierten Fusionskammern an, in denen nur zwei Protoplasten zwischen den Elektroden Platz finden. Auch die Pionierarbeiten von Senda und Mitarbeitern [11] wurden mittlerweile so verfeinert, daß man mit dem Mikroskop in einem Protoplastengemisch zwei ideale Fusionspartner ausfindig machen, fusionieren und in einem einzigen Tropfen Kulturflüssigkeit regenerieren kann [13]. Diese Methode wird natürlich aufgrund des großen apparativen Aufwandes auf einige wenige Spezialfragen beschränkt bleiben.

Für die breite Anwendung stellt sich auch heute noch die Frage, wie man optimal fusionierte Zellen von den anderen trennen kann. Ein klassisches Experiment ist die Protoplastenfusion von *Nicotiana glauca* und *Nicotiana langsdorffii* [5]. Wenn nämlich in diesem Fall die Hybridisierung erfolgreich abläuft, erhält man eine Hybridpflanze, die in Streßsituationen (zum Beispiel nach Verletzungen) zur Tumorbildung neigt. Dieses

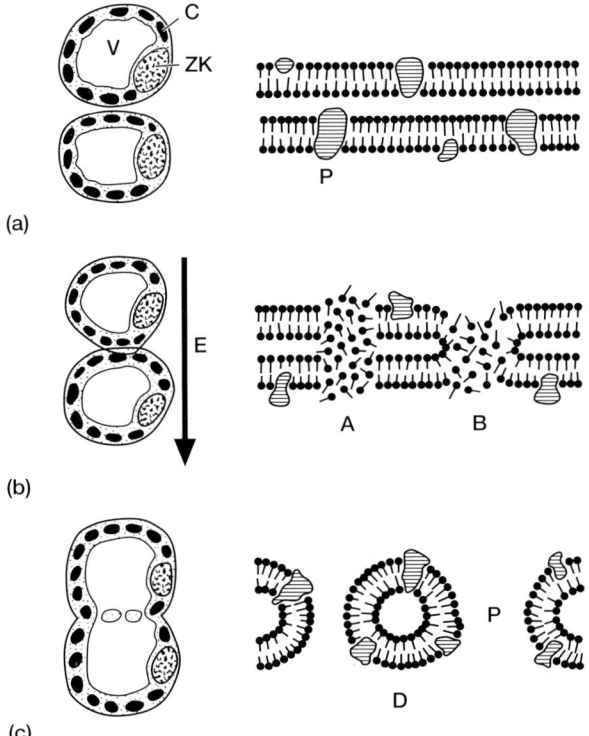

2.2 Elektrofusion zweier Mesophyllprotoplasten (schematisch). (a) Zwei Protoplasten liegen mit ihren Zellmembranen (Plasmalemma) dicht nebeneinander. ZK: Zellkern; C: Chloroplast; V: Vakuole; P: Protein; ●–: Lipidmolekül. (b) Mit einem inhomogenen hochfrequenten Wechselstromfeld bringt man die Protoplasten in ganz engen Kontakt. Danach wirkt ein elektrisches Gleichstromfeld (E) Mikrosekunden lang in Pfeilrichtung auf beide Protoplasten ein. Im Bereich der Berührungsfläche ist die Feldstärke des Pulses maximal. Es kommt an einigen Stellen zur Vermischung von Membranbausteinen (A). Nach dem elektrischen Puls organisieren sich die Zellmembranen neu. Jedoch wird der alte Zustand nicht wieder hergestellt, sondern es entstehen Membrandurchbrüche (B). (c) Die Membrandurchbrüche erweitern sich zu Poren (P). Beide Vakuolen vereinigen sich, und restliche liposomenähnliche, plasmalemmaumhüllte Vesikel (D) verschwinden. Die Zellfusion ist beendet. Phosphatide sind Zwitterionen. Sie besitzen einen hydrophilen (gefüllter Kreis) und einen lipophilen Pol (Schwanz). An Grenzflächen richten sie sich deshalb aus: Der hydrophile Pol orientiert sich immer zur wässrigen Phase.

Phänomen tritt auch auf, wenn beide Pflanzen miteinander gekreuzt werden. Tumorgewebe wächst wegen tiefgreifender Umstellungen in seinem Hormonhaushalt unabhängig von einer äußeren Hormonzufuhr, während normales Gewebe strikt darauf angewiesen ist. In der Einleitung wurde schon darauf hingewiesen, daß der eine Fusionspartner *Nicotiana glauca* *rol*-Gene des Bodenbakteriums *Agrobacterium rhizogenes* enthält. Diese

Gene stehen im engen Zusammenhang mit einer von diesem Bakterium ausgelösten Erkrankung bei Kulturpflanzen, welche durch langsam wachsende, stark bewurzelte Zellwucherungen gekennzeichnet ist (*hairy root syndrome*) [14, 15]. Im somatischen Hybrid oder im natürlichen Kreuzungsprodukt scheinen diese Gene besonders leicht aktivierbar zu sein, zum Beispiel durch mechanische Verletzung des Sprosses oder durch Herstellen von Protoplasten. In der Praxis ließ sich dieses Phänomen ausnutzen, denn nur echte Hybridzellen können in einem hormonfreien Kulturmedium überleben. Carlson und Mitarbeiter konnten auf diese Weise erstmalig echte Hybridpflanzen regenerieren [5]. Dabei trat ein wesentlicher Unterschied zwischen somatischer Hybridisierung und sexueller Kreuzung zutage: Durch die Kernverschmelzung in der Hybridzelle addieren sich die beiden vollen Chromosomensätze, was bei sexueller Kreuzung nicht der Fall ist, weil dort vor der Kernverschmelzung eine Reduktion der Chromosomensätze (Meiose) stattgefunden hat. Bei der Kartoffelzüchtung wird der Effekt der Chromosomenverdoppelung ganz bewußt in der Praxis ausgenutzt [16].

Potentielle Hybridzellen kann man aber auch mit dem Mikroskop erkennen, wenn man beispielsweise Mesophyllprotoplasten (grün) mit Protoplasten aus einem Kallus (weiß) fusioniert und anschließend die optimalen Fusionsprodukte aus dem Meer der unbrauchbaren mit einer Mikrokanüle absaugt [17]. Auch das Anfärben der Fusionspartner mit Fluorochromen scheint ein probates Mittel zu sein, weil es den Einsatz des Durchflußcytometers erlaubt [18, 19]. Eine andere Möglichkeit besteht darin, Zellen miteinander zu fusionieren, die während der Gewebekultur aus ganz unterschiedlichen Gründen auf die regelmäßige Zufuhr besonderer Chemikalien angewiesen sind [20, 21], zum Beispiel auf bestimmte Aminosäuren oder Nitrat (auxotrophe Mutanten). Auch isoosmotische Dichtegradienten auf Percollbasis eignen sich zumindest zum Anreichern von Fusionsprodukten [22, 23]. Seit es transgene Pflanzen und Mutanten mit diversen Antibiotikaresistenzen gibt, kann man Hybride auch ganz gezielt mit einer Antibiotikakombination selektionieren [24, 25].

Literatur

[1]   Power, J.; Cummins, S.; Cocking, E. (1970) *Nature* **225**, 1016–1018.

[2]   Gleba, Y. Y.; Sytnik, K. M. (1984) *Protoplast fusion and parasexual hybridization of higher Plants.* In: Schoeman, R. (Hrsg.) Springer Verlag, Berlin, Heidelberg.

[3]   Harms, C. T. (1985) Hybridization by somatic cell fusion. In: Fowke, L.; Constabel, F. (Hrsg.) *Plant Protoplasts.* CRC Press, Boca Raton. 169–203.

[4]   Schieder, O.; Vasil, I. K. (1980) *International Review of Cytology, Suppl.* **11B**, 21–46.

[5]   Carlson, P.; Smith, H.; Dearing, R. (1972) *Proc. Natl. Acad. Sci. USA* **69**, 2292–2294.

[6]   Chien, Y.; Kao, K.; Wetter, I. (1982) *Theor. Appl. Genet.* **62**, 301–304.

[7]   Melchers, G.; Sacristan, M.; Holder, A. (1978) *Carlsberg Res. Commun.* **43**, 203–218.

[8]   Gleba, Y. Y.; Hoffmann, F. (1979) *Naturwissenschaften* **66**, 547–554.

[9]   Kao, K.; Michayluk, M. (1974) *Planta* **115**, 355–367.

[10] Wallin, A.; Glimelius, K.; Erikson, T. (1974) *Z. Pflanzenphysiol.* **74**, 64–80.

[11] Senda, M.; Takeda, J.; Abem, S.; Nakamura, T. (1979) *Plant Cell Physiol.* **20**,1441–1443.

[12] Zimmermann, U. (1982) *Biochim. Biophys. Acta* **694**, 227–277.

[13] Koop, H. U.; Dirk, J.; Wolff, D.; Schweiger, H. G. (1983) *Cell Biol. Int. Rep.* **7**, 1123–1128.

[14] Ichikawa, T.; Ozeki, Y.; Syono, K. (1990) *Mol. Gen. Genet.* **220**, 117–180.

[15] Oono; Aspuria, E. T.; Matsuki, R.; Uchimiya, H. (1993) *J. Plant Res. Spec. Issue* **3**, 193–200.

[16] Wenzel, G.; Schieder, O.; Przewozny, Z.; Sopory, S.; Melchers, G. (1979) *Theor. Appl. Genet.* **55**, 49–55.

[17] Hein, T.; Schieder, O. (1986) *Plant Breeding* **97**, 255–260.

[18] Alfonso, C. L.; Harkins, K. R.; Thomas-Compton, M. A.; Krejci, A. E.; Galbraith, D. W. (1985) *Bio/Technology* **3**, 811–816.

[19] Kesteren, W. J. P.; Tempelaar, M. J. (1993) *Cell Biol. Intern.* **17**, 235–243.

[20] Biasini, G.; Marton, L. (1985) *Mol. Gen. Genet.* **198**, 353–355.

[21] Harms, C. T.; Potrykus, I.; Widholm, J. M. (1981) *Z. Pflanzenphysiol.* **101**, 377–390.

[22] Harms, C. T.; Potrykus, I. (1978) *Theor. Appl. Genet.* **53**, 49–55.

[23] Thomas, M. R.; Rose, R. J. (1988) *Planta* **175**, 396–402.

[24] Masson, J.; Lancelin, D.; Bellini, C.; Lecerf, C.; Guerche, P.; Pelletier, G. (1979) *Theor. Appl. Genet.* **78**, 153–159.

[25] Komari, T.; Saito, Y.; Nkaido, F.; Kumashiro, T. (1989) *Theor. Appl. Genet.* **77**, 547–552.

2.5   Asymmetrische Hybridisierung

Die somatische Hybridisierung erlebte bis in die achtziger Jahre eine stürmische Entwicklung, was natürlich zum Verständnis der komplexen Vorgänge nach einer Protoplastenfusion beitrug. Wie schon im vorangegangenen Kapitel gesagt wurde: Je näher die Fusionspartner miteinander verwandt sind, desto wahrscheinlicher ist eine erfolgreiche Hybridisierung. Doch damit sind die urspünglich in diese Technik gesetzten Erwartungen, die natürlichen Kreuzungsbarrieren möglichst weit zu überschreiten, nicht vollständig erfüllt, weil sich auch durch *in vitro*-Befruchtung und Embryokultur Art- und Gattungsbastarde herstellen lassen, wie zum Beispiel *Triticale*, eine Kreuzung zwischen Weizen (***Triticum aestivum***) und Roggen (*Secale cereale*) oder *Tritordium*, eine Kreuzung zwischen Weizen (***Triticum***) und Gerste (***Hordeum*** *vulgare*).

Als Ursache mangelhafter Vitalität von fusionierten Protoplasten nicht verwandter Eltern sieht man heute die komplexen Vorgänge im Anschluß an die Kernverschmelzung. Da in der Regel nur wenige Gene übertragen werden sollen, begann man den Zellkern des Spenderprotoplasten mit Röntgenbestrahlung oder Chemikalien weitgehend zu inaktivieren, so daß er sich nicht mehr teilen kann, während aber sein Genmaterial erhalten bleibt. Auf diese Weise werden keine vollständigen Zellen mehr miteinander fusioniert, sondern aus dem Zellkern des Spenderprotoplasten wird nur ein Teil der Gene in das Fusionsprodukt überführt, was zur Bezeichnung „asymmetrische Fusion" geführt hat [1–3].

Eine ganze Reihe von erfolgreichen Experimenten belegt, daß man mit asymmetrischen Fusionen Protoplasten aus Pflanzen, die sexuell nicht kreuzbar sind, vereinen und wieder regenerieren kann. Damit ließen sich unter anderem Gene für Frosttoleranz, Herbizid-, Virus- und Nematodenresistenz übertragen [4–7]. Allerdings wurde auch beobachtet, daß wie bei somatischen Hybriden [8, 9] die Plastiden eines Elters in manchen Hybridpflanzen nicht mehr vertreten sind und daß zwischen Mitochondrien beider Eltern Genaustausch stattgefunden hat (Abschnitt 2.4).

Die Asymmetrie läßt sich dadurch ins Extrem treiben, daß man die Gene im Zellkern des Spenders durch Röntgenbestrahlung, γ-Strahlen oder Chemikalien völlig inaktiviert. Im Fusionsprodukt befindet sich dann nur noch der funktionierende Zellkern des Empfängers. Beide Cytoplasmen mit Mitochondrien und Plastiden sind jetzt miteinander vermischt. Man spricht hier von einer cytoplasmatischen Hybridisierung (Cybridisierung), nennt aber das Produkt nicht Hybrid, sondern *Cybrid*. Es existieren bereits die technischen Möglichkeiten, zum Beispiel eine

Cybridpflanze mit den Zellkernen des Tabaks (*Nicotiana tabacum*) und den Plastiden der Tollkirsche (*Atropa bella-donna*) oder der Petunie (*Petunia hybrida*) herzustellen [10, 11]. Von praktischer Bedeutung sind Experimente, in denen chloroplastencodierte Herbizidresistenz oder mitochondriencodierte männliche Sterilität durch Cybridisierung in eine Kulturpflanze übertragen werden konnten [12–15]. Anschließend muß natürlich noch geprüft werden, ob die ganzen Bemühungen nicht zu Lasten wichtiger Zuchtziele wie zum Beispiel des Ertrags gehen, wenn nämlich die Plastiden oder Mitochondrien des Spenders nicht mit dem Zellkern des Empfängers harmonieren [16].

Asymmetrische Hybridisierung und Cybridisierung sind als Methoden umstritten, da Bestrahlung und Chemikalienbehandlung nicht nur auf die Gene im Zellkern, sondern auch auf die in den Plastiden und Mitochondrien einwirken und da man bei der Cybridisierung die Gene des Spenderzellkerns niemals vollständig ausschalten kann [17]. Außerdem läuft die ganze Prozedur ziemlich unkontrolliert ab. Legt man die Definition von Avery (Abschnitt 1.1) zugrunde, haben wir es hier mit transgenen Pflanzen zu tun, für deren Herstellung und Freisetzung eigentlich die gesetzlichen Bestimmungen gelten sollten. Der Gesetzgeber sagt aber, daß Hybridisierungen davon ausgenommen sind, wenn sich beide Eltern sexuell kreuzen lassen. Immerhin wurde mit einer Cybridisierung Herbizidresistenz von einer kanadischen Rapssorte in einen deutschen Winterraps übertragen [14, 15]. Feldversuche liefen ab, ohne daß die Öffentlichkeit sie zur Kenntnis genommen hätte. Würde man das chloroplastencodierte Gen klonieren, die Plastiden im deutschen Winterraps damit transformieren (Abschnitt 2.2) und gemäß Gentechnikgesetz eine Freisetzung beantragen, käme es mit großer Wahrscheinlichkeit zu den bekannten Bürgerprotesten. Warum ist in diesem Fall Gentechnik „gefährlich", durch viele Paragraphen reglementiert und so ganz anders bewertet als eine Cybridisierung mit allen ihren Unwägbarkeiten? Dieses Beispiel soll verdeutlichen, wie schwierig es ist, Grenzen zu ziehen, und zum Nachdenken anregen, ob heute nicht Gentechnik viel zu sehr reglementiert wird.

Literatur

[1] Ichikawa, H.; Tanno-Suenaga, L.; Imamura, J. (1988) *Plant Cell, Tissue and Organ Culture* **12**, 201–204.

[2] Hall, R. D.; Krens, F. A.; Rouwendal, G. J. A. (1992) *Physiol. Plantarum* **85**, 319–324.

[3]   Bates, G. W.; Hasenkampf, C. A.; Contolini, C. L.; Plastuch, W. C. (1987) *Theor. Appl. Genet.* **74**, 718–726.

[4]   Cardi, T.; D´Ambrosio, F.; Consoli, D.; Puite, K. J.; Ramulu, K. S. (1993) *Theor. Appl. Genet.* **87**, 193–200.

[5]   Bauer-Weston, B.; Keller, W.; Webb, J.; Gleddie, S. (1993) *Theor. Appl. Genet.* **86**, 150–158.

[6]   Valkonen, J. P. T.; Xu, Y.-S.; Rokka, V.-M.; Pulli, S.; Pehu, E. (1994) *Ann. Appl. Biol.* **124**, 351–362.

[7]   Austin, S.; Pohlman, J. D.; Brown, C. R.; Mojtahedi, H.; Santo, G. S.; Douches, D. S.; Helgeson, J. P. (1993) *Am. Potato J.* **70**, 485–495.

[8]   Landgren, M.; Glimelius, K. (1994) *Theor. Appl. Genet.* **87**, 854–862.

[9]   Donaldson, P. A.; Bevis, E. E.; Pandeya, R. S.; Gleddie, S. C. (1994) *Theor. Appl. Genet.* **87**, 900–908.

[10]   Glimelius, K.; Bonnett, H. T. (1986) *Theor. Appl. Genet.* **72**, 794–798.

[11]   Kushnir, S. G.; Shlumukov, L. R.; Pogrennyak, N. J.; Berger, S.; Gleba, Y. (1987) *Mol. Gen. Genet.* **209**, 159–163.

[12]   Zelcer, A.; Aviv, D.; Galun, E. (1970) *Z. Pflanzenphysiol.* **90**, 397–407.

[13]   Jarl, C. I.; Ljungberg, U. K.; Bornman,C. H. (1988), *Physiol. Plantarum* **72**, 505–510.

[14]   Thomzik, J.; Hain, R. (1988) *Theor. Appl. Genet.* **76**, 165–171.

[15]   Hain, R.; Thomzik, J. (1990) *Z. Naturforschung* **45c**, 478–481.

[16]   Lössl, A.; Frei, U.; Wenzel, G. (1994) *Theor. Appl. Genet.* **89**, 873–878.

[17]   Galun, E. (1993) *Newsletter of the International Association for Plant Tissue Culture* **70**, 2–10.

2.6   Kern-, Organell- und Chromosomentransfer

Da Protoplasten keine Zellwand haben, können sie isolierte Zellkerne aufnehmen, und es verwundert nicht, daß das schon 1973 versucht wurde, als man gerade erst Tabakpflanzen aus Protoplasten regenerieren konnte [1]. Die ganze Prozedur ähnelte einer Protoplastenfusion (Abschnitt 2.4). Eine Reihe von Veröffentlichungen befaßt sich mit der Optimierung von

Kernisolierung und Fusionsbedingungen [2–5]. Demgegenüber gibt es nur wenige Hinweise, daß auf diesem Wege tatsächlich eine transgene Pflanze hergestellt wurde [6]. Das kann daran liegen, daß man ab Mitte der achtziger Jahre, wenn immer möglich, die Tansformation mit *Agrobacterium tumefaciens* vornahm. Außerdem ist es schwer verständlich, wie ein Zellkern ohne tiefgreifende strukturelle Veränderungen in einen Protoplasten eingeschleust werden kann. Die Kernhülle besteht nämlich aus zwei Membranen, deren äußere mit dem endoplasmatischen Reticulum (ER) in Verbindung steht, was man in guten elektronenmikroskopischen Präparationen erkennen kann [7]. Wenn wir annehmen, daß bei der Fusion zwischen Kern und Protoplasten die äußere Membran mit dem Plasmalemma des Protoplasten verschmilzt, dann erreicht ein stark veränderter Kern das Cytoplasma, der mit seiner einfachen Membranhülle mehr einem großen Liposom gleicht als einem intakten Kern [8]. Denkbar ist aber auch, daß der ganze Aufnahmeprozeß mehr einer Endocytose ähnelt. Dann würde sich das Plasmalemma ins Cytoplasma einstülpen und dabei den Kern in eine Art Vesikel einschließen, was bedeutet, daß der Kern nun von drei Membranen umschlossen ist. Beide Modellvorstellungen machen es schwer verständlich, wie die nachfolgende Fusion mit dem Protoplastenkern vonstatten gehen soll.

Da ein Protoplast selbst unter optimalen Bedingungen nur wenige fremde Zellkerne aufnehmen kann und jeder Kern bekanntlich nur ein komplettes Genom enthält, ist diese Methode im Vergleich zu anderen Transformationsmethoden uneffektiv. Wirkungsvoller scheint es zu sein, DNA aus Zellkernen zu isolieren und dann damit Pflanzen zu transformieren [9, 10].

Die Transformation mit isolierten Metaphasechromosomen gelang erstmalig 1973 bei Hamsterzellen [11] und wurde später bei Säugerzellen zu einer Routinemethode [12–14]. An Pflanzen machte man die ersten derartigen Experimente zu Beginn der achtziger Jahre. Zunächst ging es einfach darum, Metaphasechromosomen in ausreichender Menge zu isolieren [15, 16]. Erst viel später konnte man darangehen, mit ihnen auch Protoplasten zu transformieren. Dazu wählte man die PEG-Methode (Abschnitt 2.2) und die Mikroinjektion (Abschnitt 3.2), ohne allerdings den Erfolg durch transgene Pflanzen überzeugend nachweisen zu können [17, 18]. Die technischen Probleme sind hauptsächlich darin zu suchen, daß die Metaphasechromosomen auf ihrem Weg zum Zellkern stark abgebaut werden und daß auch als Empfänger nur Protoplasten in Frage kommen, die sich in der Metaphase befinden [12]. Ganz anders wäre die Situation, wenn die Chromosomen viel kleiner wären und nur die allernötigsten Informationen trügen (Gene, Replikationsursprung, Centromer und Telomere). Dann könnte man nämlich eine viel größere Zahl identischer Chromosomen einsetzen und dadurch die Transformationswahrscheinlichkeit erhöhen. Mit den Mitteln der Gentechnik lassen sich heute künstliche Chromosomen in Hefe herstellen (*yeast artificial chromosome*, YAC), die Gene oder Gengruppen von mehr als 50 000 Basenpaaren Länge aufnehmen [19–21]. Kürzlich wurde eine Tomatenzellkultur mit einer YAC-DNA erfolgreich transformiert, was der Beginn einer neuen Technologie zu sein scheint [22].

In Pflanzen sind die Gene auf den Kern und die Organellen (Plastiden und Mitochondrien) verteilt. Die Organellen können aber nicht alle ihre Proteine selbst herstellen. Vielmehr wird ein Teil von Genen codiert, die im Kern liegen. Wir müssen davon ausgehen, daß bei der überwiegenden Mehrzahl der höheren Pflanzen Plastiden und Mitochondrien stets mütterlicherseits vererbt werden [23]. Dadurch wird zwangsläufig der DNA-Austausch zwischen den Organellen beider Eltern verhindert. Allerdings ist innerhalb einer Zelle Rekombination zwischen Organellen beobachtet worden. Durch Cybridisierung (Abschnitt 2.5) lassen sich Plastiden und Mitochondrien von Zelle zu Zelle übertragen. Dadurch ändert sich der Informationsgehalt des einzelnen Organells allerdings nicht. Für kurze Zeit glaubte man Plastiden mit *Agrobacterium tumefaciens* transformieren zu können [24], was sich aber als einmaliges und nicht reproduzierbares Ereignis herausstellte. Mit Polyethylenglykol [25] und dem Mikrolaser (Abschnitt 3.4) ergaben sich weitere Hinweise, daß Transformation von Plastiden innerhalb einer Zelle möglich ist. Die erste zweifelsfreie Transformation gelang 1990 mit der Partikelbeschuß-Technik (Biolistic, Abschnitt 3.3). Der Schlüssel zum Erfolg war ein Plasmid, welches nur den transformierten Plastiden eine Antibiotikaresistenz verleiht. Auf diese Weise ließ sich von Zellteilung zu Zellteilung die Zahl der transformierten Plastiden erhöhen, bis schließlich nur noch transformierte in den Zellen waren [26].

Literatur

[1]   Potrykus, I.; Hoffmann, F. (1973) Z. *Pflanzenphysiol.* **69**, 287–289.
[2]   Willmitzer, L.; Wagner, K. G. (1981) *Exp. Cell Res.* **135**, 69–77.
[3]   Hadlaczky, G.; Bisztray, G.; Praznovszky, T.; Dudits, D. (1983) *Planta* **157**, 278–285.
[4]   Saxena, P.; Liu, Y.; King, J. (1987) *J. Plant. Physiol.* **128**, 451–460.
[5]   Chiatante, D.; Brusa, P.; Levi, M.; Sgorbati, S.; Sparvoli, E. (1990) *Physiol. Plantarum* **78**, 501–506.

[6]   Saxena, P. K.; Mii, M.; Crosby, W. L.; Fowke, L. C.; King, J. (1986) *Planta* **168**, 29–35.

[7]   Tallmann, G.; Reeck, G. R. (1980) *Plant Science Lett.* **18**, 271–275.

[8]   Hughes, B. G.; Hess, W. M.; Smith, M. A. (1977) *Protoplasma* **93**, 267–274.

[9]   Golz, C.; Köhler, F.; Schieder, O. (1990) *Plant Mol. Biol.* **15**, 475–483.

[10] Zhang, H.-B.; Zhao, X.; Ding, X.; Paterson, A. H.; Wing, R. A. (1995) *The Plant J.* **7**, 175–184.

[11] McBride, O. W.; Ozer, H. L. (1973) *Proc. Natl. Acad. Sci. USA* **70**, 1258–1262.

[12] Willecke, K. (1978) *Theor. Appl. Genet.* **52**, 97–104.

[13] Nelson, D. L.; Weis, J. H.; Przyborski, M. J.; Mulligan, R. C.; Seidman, J. G.; Housman, D. E. (1984) *J. Mol. Appl. Genet.* **2**, 563–577.

[14] Scambler, P. J.; Law, H.-Y.; Williamson, R.; Cooper, C. S. (1986) *Nucl. Acids Res.* **14**, 7159–7174.

[15] Griesbach, R. J.; Malmberg, R. L.; Carlson, P. S. (1982) *Plant Science Lett.* **24**, 55–60.

[16] Dolezel, J.; Lucretti, S.; Schubert, I. (1994) *Critical Rev. Plant Sciences* **13**, 275–309.

[17] Hadlaczky, G.; Bisztray, G.; Praznovszkly, T.; Dudits, D. (1983) *Planta* **157**, 278–285.

[18] Griesbach, R. J. (1987) *Plant Science* **50**, 69–77.

[19] Roth, G. E. (1987) *Naturwissenschaften* **74**, 78–85.

[20] Murray, A. W.; Szostak, J. W. (1988) *Spektrum der Wissenschaft* **1**, 86–91.

[21] Monaco, A. P.; Larin, Z. (1994) *TIBTECH* **12**, 280–286.

[22] Van Eck, J. M.; Blowers, A. D.; Earle, E. D. (1995) *Plant Cell Rep.* **14**, 299–304.

[23] Reboud, X.; Zeyl, C. (1994) *Heredity* **72**, 132–140.

[24] De Block, M.; Schell, J.; Van Montagu, M. (1985) *EMBO J.* **4**, 1367–1372.

[25] Spörlein, B.; Streubel, M.; Dahlfeld, G.; Westhoff, P.; Koop, H. U. (1991) *Theor. Appl. Genet.* **82**, 717–722.

[26] Svab, Z.; Hajdukiewicz, P.; Maliga, P. (1990) *Proc. Natl. Acad. Sci. USA* **87**, 8526–8530.

2.7   Liposomen

Kurz nachdem J. D. Robertson um 1960 seine Vorstellungen von einer *unit membrane* veröffentlicht hatte [1], kam die Theorie auf, daß sich aus Membranen isolierte Phospholipide in Anwesenheit von Wasser spontan zu geschlossenen Membransystemen organisieren. Diese Beobachtung war dann der Ausgangspunkt für sehr intensive Studien an sogenannten Modellmembranen [2]. Sessa und Weissmann machten 1968 wahrscheinlich zum ersten Mal auf das Potential von künstlich aus Phospholipiden hergestellten Liposomen aufmerksam [3]. Zunächst nutzten fast nur Membranbiologen diese neue Technik. Als man aber merkte, daß sich auch Proteine und Arzneimittel in Liposomen einschließen lassen, war der erste Schritt in Richtung der angewandten Biotechnologie getan [4–7].

Anfang der achtziger Jahre gab es einige chemische Methoden, um DNA und RNA in tierische Zellen einzuschleusen, die aber alle noch sehr ineffizient waren. Eine transformierte Zelle unter einer Million behandelten war die Regel. Lediglich die Mikroinjektion garantierte unter bestimmten Umständen wesentlich höhere Transformationsraten (Abschnitt 3.2). Von den Liposomen versprach man sich eine deutliche Verbesserung, denn sie lassen sich leicht herstellen, Phospholipide sind für Zellen nicht toxisch, und die umhüllten Nucleinsäuren sind vor enzymatischem Abbau geschützt [8, 9].

Zahlreiche Methoden sind bis heute entwickelt worden, um Nucleinsäuren in Liposomen einzuschließen [10]. Im einfachsten Fall überschichtet man eine am Boden eines Rundkolbens angetrocknete Phopholipidschicht mit einer Pufferlösung und den einzuschließenden Molekülen. Durch kontinuierliches Schütteln erhält man in der Regel sehr große Liposomen (500 nm Durchmesser) aus vielen Schichten und mit vergleichsweise geringem Einschlußvermögen, weshalb sie auch selten verwendet werden. Durch Ultraschallbehandlung lassen sich demgegenüber sehr kleine (30–50 nm Durchmesser), einschichtige Liposomen herstellen. Allerdings werden durch Beschallung die Nucleinsäuren zerstört, was diese Methode für Transformationsexperimente unbrauchbar macht. Für diesen Zweck hat sich jedoch eine andere Technik bewährt, bei der die Phospholipide in Ether gelöst sind und mit einer Pufferlösung gemischt werden, welche die Nucleinsäuren enthält. Nach einer ganz kurzen Ultrabeschallung wird der Ether mit einem Rotationsverdampfer entfernt, so daß Liposomen in Pufferlösung zurückbleiben. Etwa die Hälfte der Nucleinsäuren ist dann eingekapselt [11] (Abb. 2.3). Eine derartige Präpara-

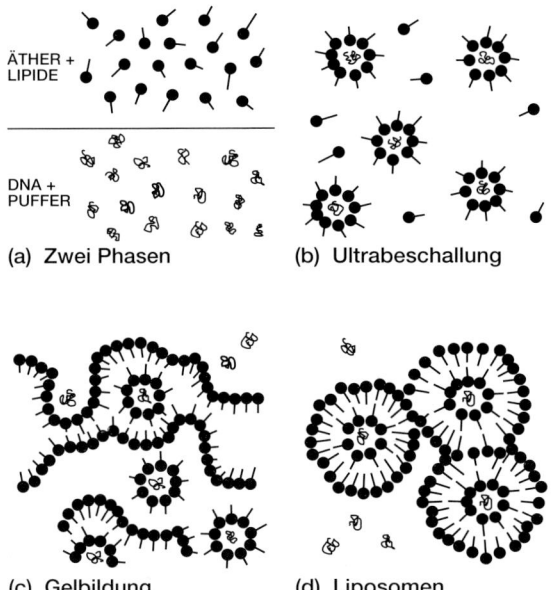

ÄTHER +
LIPIDE

DNA +
PUFFER

(a) Zwei Phasen   (b) Ultrabeschallung

(c) Gelbildung   (d) Liposomen

2.3 Liposomenherstellung nach Szoka und Papahadjopoulos [11]. (a) In einem Reaktionsgefäß befinden sich eine wässrige Phase und eine organische Etherphase. Die wässrige Phase besteht aus einem Puffer und DNA-Molekülen, die in Liposomen eingeschlossen werden sollen. In der organischen Phase sind in Ether gelöste Phospholipide. Sie haben einen lipophilen Bereich aus Fettsäureresten (Schwanz) und einen hydrophilen Bereich aus Phosphorsäureestern oder Zuckerresten (gefüllter Kreis). (b) In einem Ultraschallwasserbad wird das Gemisch fünf Sekunden lang beschallt. Es bilden sich dadurch im Ether viele kleine Wassertropfen (Vesikel), an deren Grenzfläche sich die Phospholipide in typischer Weise zu einem einschichtigen Lipidfilm orientieren: der hydrophile Pol zu den Wassertropfen ausgerichtet. Alle DNA-Moleküle sind jetzt in einschichtigen Liposomen eingeschlossen. (c) In einem Rotationsverdampfer wird der Ether mit einem leichten Vakuum langsam abgesaugt. Die Vesikel rücken dadurch immer näher zusammen. Sie verschmelzen miteinander. Es bildet sich vorübergehend eine Art Gel. Dabei können wieder DNA-Moleküle in die wässrige Phase entlassen werden. Das hat zur Folge, daß am Ende nur etwa die Hälfte der DNA-Moleküle in Liposomen eingeschlossen ist. (d) Durch Abdampfen des restlichen Ethers zerfällt das Gel. Es entstehen Liposomen aus zwei oder mehreren Lipidschichten, zwischen denen die DNA-Moleküle eingeschlossen sind. Die umgebende Pufferlösung enthält DNA-Moleküle, die während der Gelbildung beziehungsweise beim Auflösen des Gels wieder freigesetzt worden sind.

tion führt zu Liposomen, deren Durchmesser von 200 bis 1000 nm reichen kann und im Durchschnitt 460 nm beträgt.

Für die Transformation hat es sich als vorteilhaft erwiesen, die Größe der Liposomen einheitlich zu gestalten. Dazu kann man sie durch einen Ultrafilter pressen [12] oder dialysieren [13]. Für die Massenproduktion von Liposomen in Kliniken sind auch schon Geräte im Fachhandel erhältlich, die ohne organische Lösungsmittel auskommen und Liposomen steril herstellen. Dabei werden die Phospholipide zusammen mit den einzuschließenden Molekülen und einem neutralen Detergens in eine Dialysekammer gefüllt. Die Liposomen bilden sich, wenn das Detergens durch Dialyse entfernt wird [14]. In der Literatur finden sich noch einige andere Herstellungsverfahren, die je nach Zielsetzung Vorteile und Nachteile haben [15, 16].

Von der Art der Phospholipide hängt es ab, ob die Liposomen elektrisch geladen oder neutral sind. Protoplasten haben eine negative Oberflächenladung, und auch Nucleinsäuren sind elektrisch negativ geladen. Man nahm nun an, daß Liposomen mit einer positiven Oberflächenladung ideal zum Einschließen von Nucleinsäuren und zu ihrem Transfer in Protoplasten sein müßten. Sehr bald merkte man aber, daß das nicht der Fall ist, weil die elektrostatische Bindung zwischen Nucleinsäuren und Phospholipiden auch innerhalb der Pflanzenzelle noch bestehen blieb und die Nucleinsäuren nicht freigesetzt wurden. Heute wird deshalb hautsächlich mit neutralen oder negativ geladenen Liposomen gearbeitet [15, 17].

Damit Protoplasten und Liposomen in möglichst engen Kontakt kommen, wird allgemein Polyethylenglykol oder Polyvinylalkohol als Vermittlersubstanz genommen, und mit Calciumionen wird die Aufnahme der Liposomen ins Cytoplasma eingeleitet (Abschnitt 2.2). Ob es sich dabei um eine Fusion der Phosholipidhülle mit dem Plasmalemma oder eine Aufnahme des kompletten Liposoms durch Endocytose handelt, ist noch nicht ausreichend geklärt [18].

Protoplasten stellen für Liposomen ein ideales Empfängersystem dar, vorausgesetzt, die Gewebekultur bereitet keine weiteren Probleme (Abschnitt 2.1). Oft wurden die speziellen Aufnahmebedingungen zunächst mit eingekapselten Farbstoffen wie Calcein oder Carboxyfluorescein optimiert, bevor man mit Virus-RNA, mRNA oder DNA experimentierte [15].

Mit Liposomen wurden inzwischen transgene Tabakpflanzen hergestellt und durch sorgfältige molekularbiologische Analysen bestätigt [16–18]; allerdings lagen die erzielten Transformationsraten erheblich unter denen anderer vergleichbarer Methoden wie beispielsweise Polyethylenglykol (Abschnitt 2.2) und Elektroporation (Abschnitt 2.3). Wahrscheinlich haben auch die Transformationserfolge mit *Agrobacterium tumefaciens* dazu beigetragen, daß in den letzten Jahren die Transformation von Pflanzen mit Liposomen als DNA-Transportmittel keine breite Anwendung gefunden hat.

Seit 1987 ergab sich eine neue Anwendungsmöglichkeit für Liposomen, die man aber nicht mit den oben genannten Methoden verwechseln sollte. In diesem Fall wird die DNA nämlich nicht in die Liposomen eingeschlossen, sondern kleine, positiv geladene Liposomen werden lediglich mit der DNA gemischt. Es entsteht spontan ein Lipid-DNA-Komplex, der anschließend ohne fremde Hilfe mit der Zellmembran fusioniert. Bei Säugerzellen hat sich auf diesem Wege die Transformationsrate gegenüber der Calcium-Phosphat- oder DEAE-Dextran-Methode fast verhundertfacht [22]. Inzwischen ist dieses System als „Lipofectin" im Handel erhältlich und auch schon mit großem Erfolg verbessert worden [23–25]. Bei Pflanzen ist ebenfalls gezeigt worden, daß *Lipofection* im Prinzip einsetzbar ist.

Literatur

[1]   Robertson, J. D. (1969) *Progress in Biophysics and Biophysical Chemistry* **10**, 343.

[2]   Bangham, A. D. (1980) Development of the liposome concept. In: Gregoriadis, G.; Allison, A. C. (Hrsg.) *Liposomes in biological systems*. John Wiley & Sons Ltd. 1–24.

[3]   Sessa, G.; Weissmann, G. (1968) *Biochem. Biophys. Acta* **150**, 173.

[4]   Finkelstein, M.; Weissmann, G. (1978) *J. Lipid Res.* **19**, 289–303.

[5]   Nicholls, P. (1981) *Intern. Rev. Cytol. Suppl.* **12**, 327–388.

[6]   Eytan, G. (1982) *Biochim. Biophys. Acta* **694**, 185–202.

[7]   Tyrrel, D. A.; Heath, T. D.; Colley, C. M.; Ryman, B. E. (1976) *Biochem. Biophys. Acta* **457**, 259–302.

[8]   Straubinger, R. M.; Papahadjopoulos, D. (1983) *Methods in Enzymology* **101**, 512–527.

[9]   Fraley, R.; Papahadjopoulos, D. (1983) *Current Topics in Microbiology and Immunology* **96**, 171–191.

[10]   Szoka, F.; Papahadjopoulos, D. (1980) *Annu. Rev. Biophys. Bioeng.* **9**, 467–508.

[11]   Szoka, F.; Papahadjopoulos, D. (1978) *Proc. Natl. Acad. Sci. USA* **78**, 4194 4198.

[12]   Olson, F.; Hunt, C. A.; Szoka, W. J.; Papahadjopoulos, D. (1979) *Biochem. Biophys. Acta* **557**, 9–23.

[13]   Bosworth, M. E.; Hunt, A.; Pratt, D.(1982) *J. Pharmaceutical Sciences* **71**, 806–812.

[14]   Philippot, J.; Mutaftschiev, S.; Liautard, J. P. (1983) *Biochim. Biophys. Acta* **734**, 137–143.

[15]   Gad, A. E.; Rosenberg, N.; Altman, A. (1990) *Physiol. Plantarum* **79**, 177–183.

[16]   Pick, U. (1981) *Arch. Biochem. Biophys.* **212**, 186–194.

[17]   Nagata, T. (1987) *Methods in Enzymology* **149**, 176–184.

[18]   Fukunaga, Y.; Nagata, T.; Takebe, I.; Kakehi, T.; Matsui, C. (1983) *Exp. Cell Res.* **144**, 181–189.

[19]   Caboche, M. (1990) *Physiol. Plantarum* **79**, 173–176.

[20]   Deshayes, A.; Herrera-Estrella, L.; Caboche, M. (1985) *EMBO J.* **4**, 2731–2737.

[21]   Zhu, Z.; Hughes, W.; Huang, L. (1990) *Plant Cell, Tissue and Organ Culture* **22**, 135–145.

[22]   Felgner, P. L.; Gadek, T. R.; Holm, M.; Roman, R.; Chan, H. W.; Wenz, M.; Northrop, J. P.; Ringold, G. M.; Danielsen, M. (1987) *Proc. Natl. Acad. Sci. USA* **84**, 7413–7417.

[23]   Gao, X.; Huang, L. (1991) *Biochem. Biophys. Res. Comm.* **179**, 280–285.

[24]   Gao, Y.; Huang, L. (1993) *Nucleic Acids Res.* **21**, 2867–2872.

[25]   Barthel, F.; Remy, J.-S.; Loeffler, J.-P.; Behr, J.-P. (1993) *DNA and Cell Biology* **12**, 553–560.

2.8   Bakterien als Carrier

In diesem Abschnitt soll eine Möglichkeit aufgezeigt werden, wie man die zum Klonieren benutzten *E. coli*-Bakterien (Abschnitt 1.3) direkt zum Transformieren verwenden kann. Obwohl es heute viele technische Möglichkeiten gibt, Plasmide schnell und einfach zu isolieren, vertrauen die einzelnen Arbeitsgruppen in der Regel auf ganz bestimmte Techniken, weil ihrer Meinung nach nicht alle Methoden zu gleich guter transienter Genexpression (Abschnitt 1.4) führen. Noch gibt es keine vergleichende Untersuchung, die darüber Klarheit schafft. Deswegen kann man auch noch nicht sagen, ob die verschiedenen Plasmidisolierungsmethoden tatsächlich einen Einfluß auf die Transformationsrate haben. Auf jeden Fall ist jede Isolierung mit Kosten verbunden, und Arbeitsgruppen mit geringen Forschungsmitteln wären gut beraten, wenn sie Pflanzen direkt mit den Klonierungsvektoren (Abschnitt 1.3) transformieren würden.

Zu Beginn der achtziger Jahre konnten die Arbeitsgruppen von Schaffner und Cuzin mit Affenzellen beweisen, daß man durch Fusion mit *E. coli*-Protoplasten deutlich bessere Transformationsraten erhält als mit der damals üblichen Calciumphosphatmethode, bei der isolierte Plasmid-

DNA eingesetzt wird [1, 2]. Transformation durch Fusion gelang wenig später auch bei pflanzlichen Protoplasten [3]. Allerdings setzte man damals unvollständig protoplastierte Agrobakterien (Sphäroplasten) ein. Die gelungene Transformation mußte durch tumorartiges, hormonunabhängiges Zellwachstum beziehungsweise die Synthese von Opinen nachgewiesen werden (Abschnitt 5.2). Wenige Jahre später konnte gezeigt werden, daß man statt Sphäroplasten von *Agrobacterium* auch Protoplasten von *E. coli* verwenden kann [4]. Da zu Beginn der achtziger Jahre noch mit dem natürlichen Ti-Plasmid von *Agrobacterium tumefaciens* gearbeitet wurde, konnte man lediglich Tumorkallus und demzufolge keine transgenen Pflanzen regenerieren.

Diese Transformationstechnik beruht darauf, daß durch die Fusion zwischen Protoplasten und Bakterien Plasmide in völlig unveränderter Form in die Pflanzenzelle gelangen. Die Erfolgsaussichten steigen natürlich, je mehr Plasmide jedes Bakterium einschleust. Bei *Agrobacterium tumefaciens* kann man mit einer bis drei Kopien des Ti-Plasmids pro Bakterium rechnen. Günstiger ist die Ausgangslage, wenn die sogenannten binären Vektoren verwendet werden (Abschnitt 5.4), bei denen etwa 25 Plasmide pro Bakterium vorkommen. Noch vorteilhafter ist der Zwischenvektor *E. coli*, der durch entsprechenden Selektionsdruck mehrere hundert Plasmide pro Bakterium bildet, beispielsweise nach Behandlung mit dem Antibiotikum Carbenicillin. Auch wenn jeder Pflanzenprotoplast bei der Fusion nur wenige Bakterien aufnimmt und sie im Laufe der weiteren Entwicklung „verdaut", werden offensichtlich noch ausreichend viele intakte Plasmide zur Transformation freigesetzt [5].

Kürzlich haben Sanford und Mitarbeiter [6] *E. coli*-Bakterien mit der Partikelbeschuß-Technik (Abschnitt 3.3) in Tabakblätter geschossen und dabei hinsichtlich der transienten Genexpression keinen wesentlichen Unterschied zum Beschuß mit isolierter Plasmid-DNA gefunden. Auch Hefe-Sphäroplasten scheinen sich zum direkten Gentransfer durch Fusion mit Pflanzenprotoplasten zu eignen [7]. Dadurch eröffnet sich für die Gentechnik bei Pflanzen die Möglichkeit, künstliche Chromosomen (YACs; Abschnitt 2.6) von der Hefe direkt in Pflanzenzellen zu übertragen [8].

Literatur

[1]   Schaffner, W. (1980) *Proc. Natl. Acad. Sci. USA* **77**, 2163–2167.

[2]   Rassoulzadegan, M.; Binetruy, B.; Cuzin, F. (1982) *Nature* **295**, 257–259.

[3]   Hasezawa, S.; Nagata, T.; Syono, K. (1981) *Mol. Gen. Genet.* **182**, 206–210.

[4]   Hain, R.; Steinbiß, H.-H.; Schell, J. (1984) *Plant Cell Rep.* **3**, 60–64.

[5]   Hasezawa, S.; Matsui, C.; Nafata, T.; Syono, K. (1983) *Can. J. Bot.* *61*, 1052–1057.

[6]   Rasmussen, J. L.; Kikkert, J. R.; Roy, M. K.; Sanford, J. C. (1994) *Plant Cell Rep.* **13**, 212–217.

[7]   Hatsuyama, Y.; Sunaga, N.; Habu, Y.; Ishikawa, M.; Kawamoto, S.; Naito, S.; Ohno, T. (1994) *Plant Cell Physiol.* **35**, 93–98.

[8]   Anand, R. (1992) *Trends Biotechnol.* **10**, 35–40.

3.

Direkter Gentransfer in Zellen und Gewebe

3.1   Kontaminationsrisiko

Die Kultur von Pflanzengewebe erfolgt allgemein unter sterilen Bedingungen, denn Bakterien und Pilze würden sich im Kulturmedium innerhalb weniger Tage derart vermehren, daß man „kontaminierte" Kulturen leicht aussortieren kann. Es hängt von der Zielsetzung des Experimentes ab, ob man sich nur mit diesem optischen Test von der Sterilität der Kultur überzeugt. Bei der Herstellung von transgenen Pflanzen beziehungsweise bei ihrer molekularen Analyse muß auf jeden Fall kritischer vorgegangen werden. Es gibt nämlich Fälle, bei denen Pflanzenzellen wachstumshemmende Substanzen ausscheiden können, wie zum Beispiel Bakteriozide. Mikroorganismen wachsen dann so langsam, daß sie nur ein Fachmann erkennen kann [1]. Manchmal fallen Kontaminationen nur auf, weil sich Kulturen ungewöhnlich entwickeln. Mit speziellen Nährmedien aus Pepton und Hefe lassen sich dann oftmals Mikroorganismen nachweisen. Bei Rickettsien, Actinomyceten, Spiroplasmen und Mykoplasmen-ähnlichen Organismen wird allerdings ein Medium mit Serumzusatz empfohlen [2]. Es gibt aber auch Mikroorganismen, die sich nicht *in vitro* kultivieren lassen und demzufolge nur mit genetischen Sonden oder mit dem Elektronenmikroskop identifiziert werden können [3] Fachleute glauben, daß etwa die Hälfte aller Kontaminationen in der Gewebekultur vom Körper der Person stammen, die mit der Kultur umgeht [4]. Das ist nicht verwunderlich, denn einige Pseudomonaden können gleichzeitig pflanzen- und humanpathogen sein. Die Identifizierung von Mikroorganismen wird noch zusätzlich erschwert, weil manche Bakterien, Pilze und Hefen erst in der Gewebekultur pathogen werden beziehungsweise in der Gewebekultur ihre Pathogenität verlieren [3]. Das größte Risikio geht von Pflanzen aus, die vom Freiland oder Gewächshaus ins Labor geholt werden, weil man in ihren Sprossen mit Mikroorganismen rechnen muß. Zu oft sind inzwischen Endophyten beschrieben worden, die zum Teil für die Entwicklung der Pflanze von großem Nutzen sind oder keinerlei Schädigung hervorrufen und latent vorhanden sind [5–9].

Unerwünschtes Bakterienwachstum läßt sich durch Zugabe von Antibiotika wie Streptomycin, Carbenicillin, Gentamicin, Rifampicin oder Polymyxin unterdrücken [11]. Allerdings wird immer wieder empfohlen, ihre Wirksamkeit im Kulturmedium zu überprüfen und auf Veränderungen im Wachstum der Pflanzenzellen zu achten [12, 13]. In Kulturmedien mit saurem pH-Wert sind nämlich viele Antibiotika um ein Mehrfaches weniger aktiv als im neutralen Bereich. Entsprechend muß man ihre Konzentration im Medium erhöhen. Filtrate von den Kulturmedien einiger Mikroorganismen [14], stark saure Kulturmedien [15] oder Wärmebehandlung [16] scheinen das Wachstum von Endophyten ebenfalls zu hemmen.

In der Literatur geben verschiedene Arbeitsgruppen die folgenden Bakteriengattungen als Ursache von Kontaminationen in der Gewebekultur an: *Acinetobacter*, *Agrobacterium*, *Bacillus*, *Corynebacterium*, *Erwinia*, *Flavobacterium*, *Micrococcus*, *Pseudomonas*, *Staphylococcus* und *Xanthomonas*. Über Kontaminationen durch Pilze gibt es nur wenige Veröffentlichungen. Es werden hautsächlich Vertreter der Gattungen *Neurospora*, *Aspergillus*, *Microsporium*, *Cladosporium* und *Philalophora* genannt. Gegen Pilzkontaminationen gibt es bisher noch kein Mittel, das nicht gleichzeitig auch die Kultur der Pflanzenzellen nachteilig beeinflußt. Die im Labor übliche Oberflächensterilisation von Blättern und Samen kann Endophyten nicht vollständig beseitigen [17, 18]. Aus diesem Grunde verzichten zum Beispiel viele Arbeitsgruppen beim Herstellen von Tabakprotoplasten völlig auf Freilandmaterial und verwenden statt dessen Blätter aus steril kultivierten Sproßkulturen. Etwa jedes halbe Jahr werden neue Kulturen aus oberflächensterilisierten Samen nachgezogen, und alle 2 Monate werden abgeschnittene Sproßspitzen auf frisches Kulturmedium umgesetzt.

Einige Transformationsmethoden verzichten bewußt auf eine Sterilisation des Pflanzenmaterials, bevor es mit klonierter DNA behandelt wird. Dann muß mit transformierten Endophyten gerechnet werden. Das betrifft unter anderem die DNA-Aufnahme während der Samenquellung (Abschnitt 4.2), den *pollen tube pathway* (Abschnitt 4.4) und DNA-Injektionen in den Sproß (Abschnitt 4.5). Southern Blot-Analysen können allerdings beweisen, ob transformierte Endophyten beziehungsweise transgene Pflanzen vorliegen oder nicht (Abschnitt 1.1).

Es ist ein Fall bekannt, bei dem nach Injektion von DNA für die Neomycin-Phosphotransferase in den Stengel des Mais gemäß der Methode von de la Pena (Abschnitt 4.5) noch in der fünften Tochtergeneration transgene Bakterien in den Pflanzen gefunden wurden. Es handelte sich um *Pseudomonas altophilia* und *Acinetobacter calcoaceticus*. Interessant war außerdem die Beobachtung, daß die Jungpflanzen jeder Generation gegenüber dem Antibiotikum Kanamycin resistent waren, während die unbehandelten Kontrollpflanzen bei dieser Toxinkonzentration abstarben. Man entdeckte dann auch im Sproß eine schwache Neomycin-Phosphotransferase-Aktivität [19]. Zunächst glaubten die Autoren, es mit transgenem Mais zu tun zu haben. Aber nach sorgfältig durchgeführten Southern Blot-Analysen wurde deutlich, daß transformierte Endophyten (siehe oben) zu dieser Fehleinschätzung geführt hatten.

Kürzlich fand eine Arbeitsgruppe im Scutellum von unreifen Weizenembryonen Organismen, die offensichtlich während der Transformation durch Partikelbeschuß-Technik (Abschnitt 3.3) transgen geworden waren und den Mykoplasmen (MLO) ähnlich sein sollen [20]. MLOs stehen in Verbindung mit Krankheiten bei über 200 höheren Pflanzen. Nur sehr langsam verstehen wir ihre Biologie. Das liegt auch daran, daß man sie nicht *in vitro* kultivieren kann. MLOs findet man in der Regel im Phloem, und sie werden durch Insekten übertragen. Durch die Gentechnik ist es heute möglich, DNA dieser Organismen zu klonieren. Dadurch lassen sie sich die MLOs voneinander unterscheiden, und man erhält genetische Sonden zur Diagnostik der von ihnen verursachten Krankheiten [21–25].

Abschließend soll hier noch kurz darauf hingewiesen werden, daß viele Resistenzgene wie zum Beispiel *nptII*, *bar* und *pat* (Abschnitt 7.6) aus weit verbreiteten Mikroorganismen isoliert und kloniert wurden. Wenn man also Pflanzen aus Gewächshäusern oder Feldversuchen analysieren möchte, die mit diesen Genen transformiert wurden, sollte das ganze Verfahren so geplant werden, daß Fehlinterpretationen durch Kontaminationen nicht vorkommen können.

Literatur

[1]   Darvill, A. G.; Albersheim, P. (1984) *Annu. Rev. Plant Physiol.* **35**, 243–275.

[2]   Davis, R. E. (1980) Spiroplasma and mycoplasma-like organisms. In: Schaad, N. W. (Hrsg.) *Identification of Plant Pathogenic Bacteria*. 57–66.

[3]   Leifert, C.; Morris, C. E.; Waites, W. M. (1994) *Critical Rev. Plant Sciences* **13**, 139–183.

[4]   Leifert, C.; Waites, W. M.; Nicholas, J. (1989) *J. Appl. Bacteriol.* **67**, 353–361.

[5]   Siegel, M. R.; Latch, G. C. M.; Johnson, M. C. (1987) *Annu. Rev. Phytopathol.* **25**, 293–315.

[6]   Leifert, C.; Waites, W. M. (1990) *In. Soc. Plant Tiss. Cult. Newsletter* **60**, 2–13.

[7]   Kim, W. K.; McNabb, S. A.; Klassen, G.R . (1988) *Can. J. Bot.* **66**, 1098–1100.

[8]   Norman, D. J.; Alvarez, A. M. (1994) *Plant Cell, Tissue and Organ Culture* **39**, 55–61.

[9]   Lindstrom, J. T.; Belanger, F. C. (1994) *Plant Physiol.* **106**, 7–16.

[10] Buckley, P. M.; DeWilde, T. N.; Reed, B. M. (1995) *In Vitro Cell. Dev. Biol.* **31P**, 58–64.

[11] Reed, B. M.; Buckley, P. M.; DeWilde, T. N. (1995) *In Vitro Cell. Dev. Biol.* **31P**, 53–57.

[12] Pollock, K.; Barfield, D. G.; Shields, R. (1983) *Plant Cell Rep.* **2**, 36–39.

[13] Falkiner, F. R. (1990) *In. Soc. Plant Tiss. Cult. Newsletter* **60**, 13–23.

[14] Hussain, S.; Lane, S. D.; Price, D. N. (1994) *Plant Cell, Tissue and Organ Culture* **36**, 45–51.

[15] Leifert, C.; Waites, B.; Keetley, J. W.; Wright, S. M.; Nicholas, J. R.; Waites, W. M. (1994) *Plant Cell, Tissue and Organ Culture* **36**, 149–155.

[16] Grondeau, C.; Samson, R. (1994) *Critical Rev. Plant Sciences* **13**, 57–75.

[17] Abdul-Baki, A. A. (1974) *Planta* **115**, 373–376.

[18] Walther, H.; Kraus, R. (1990) *Nachrichtenbl. Deut. Pflanzenschutzd.* **42**, 9–12.

[19] Konstatinov, K. L.; Mladenovic, S. D.; Denic, M. P.; Plecas, M. (1990) *FEBS advanced course on plant molecular biology.* Schloß Elmau, Deutschland.

[20] Chen, D. F.; Dale, P. J.; Heslop-Harrison, J. S.; Snape, J. W.; Harwood, W.; Bean, S.; Mullineaux, P. M. (1994) *The Plant J.* **5**, 429–436.

[21] Kollar, A.; Seemüller, E.; Bonnet, F.; Saillard, C.; Bové, J. M. (1990) *Phytopathology* **80**, 233–237.

[22] Namba, S.; Kato, S.; Iwanami, S.; Oyaizu, H.; Shiozawa, H.; Tsuchizaki, T. (1993) *Phytopathology* **83**, 786–791.

[23] Goodwin, P. H.; Xue, B. G.; Kuske, C. R.; Sears, M. K. (1994)
      Ann. appl. Biol. **124**, 27–36.

[24] Jarausch, W.; Saillard, C.; Dosba, F.; Bove, J.-M. (1994) *Appl.
      Envirom. Microbiol.* **60**, 2916–2923.

[25] Harrison, N. A.; Richardson, P. A.; Kramer, J. B.; Tsai, J. H. (1994)
      Plant Pathol. **43**, 998–1008.

3.2 Mikroinjektion

Die Mikroinjektion mit Glaskapillaren hat sich in vielen medizinischen
und biologischen Fachrichtungen bewährt, zum Beispiel wenn es darum
ging, niedermolekulare Substanzen für Transportstudien [1–3], Proteine
[4], Nucleinsäuren [5, 6] und Chromosomen [7] ganz gezielt in einzelne
Zellen zu übertragen. Die Massenmedien haben einige spektakuläre Anwendungen, nämlich das Herstellen von transgenen Mäusen, Schafen,
Schweinen, Kühen, Hühnern und Fischen, einer breiten Öffentlichkeit
nähergebracht [8–16].

Durch Mikroinjektion erhielt man sehr viele nützliche Informationen
über Interaktionen zwischen DNA-Molekülen vor ihrer Integration in die
Kern-DNA einer Tierzelle und über ihr weiteres Schicksal im Zellkern
[17–20]. Vergleichbare Arbeiten bei Pflanzenzellen liegen bis heute nicht
vor [21]. Ihre starre Zellwand und die großen Vakuolen erschweren intensive Untersuchungen dieser Art. Hinzu kommt, daß eine im Handel erhältliche Grundausrüstung aus Mikroskop, Mikromanipulator, Fluores-
zenzeinrichtung, Kamera, Kapillarenziehgerät und Gasdruckeinrichtung
für die meisten Arbeitsgruppen zu teuer ist. Allerdings sind Einsparungs-
möglichkeiten durch Eigenbau in großem Umfang gegeben [22–23].

Anfang der achtziger Jahre begannen die ersten Versuche, Pflanzenzellen durch DNA-Injektion zu transformieren (Abb. 3.1). Beweggründe
waren zum einen der Bedarf an einer effizienten Transformationsmethode
und zum anderen die hohen Transformationsraten bei Tierzellen von 50
bis 100 Prozent [24]. Damals gelangen gerade die ersten Transformationsexperimente mit isolierter Ti-Plasmid-DNA, und man mußte schon
mit einer Million Protoplasten beginnen, um am Ende einen transformierten Kallus zu erhalten (Abschnitt 6.1). Doch bald stellte sich heraus, daß
zur Injektion von Pflanzenzellen – im Gegensatz zur Routineinjektion
von Tierzellen – noch erhebliche Entwicklungsarbeit zu leisten war: Es

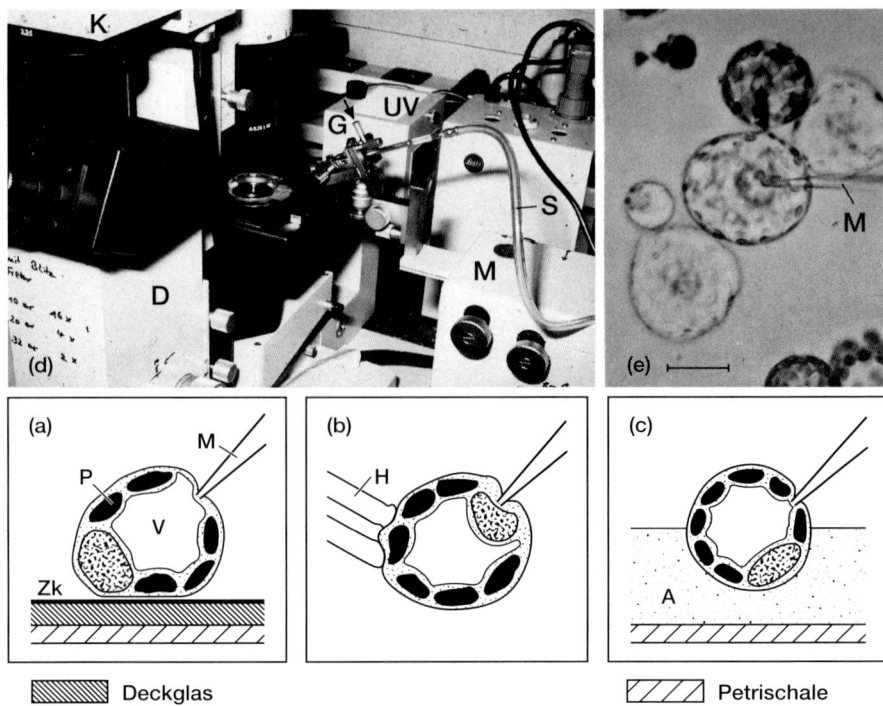

Deckglas   Petrischale

3.1   Mikroinjektion. (a) Protoplasten haften aufgrund ihrer negativen Oberflächenladung auf Deckgläsern, wenn diese vorher mit positiv geladenem Polylysin beschichtet wurden. Dieser Effekt ist besonders deutlich, wenn die Protoplasten zuvor schon zwölf Stunden in Kulturmedium waren [25, 28]. M: Mikroinjektionsnadel; P: Plastid; Zk: Zellkern; V: Vakuole. (b) Protoplasten lassen sich mit einer (Halte-)Kapillare festsaugen [27]. Diese Methode macht es möglich, die Protoplasten so zu orientieren, daß man direkt in den Zellkern injizieren kann. H: Haltekapillare aus Glas. (c) Protoplasten werden mit Kulturmedium ganz dünn über eine Agarose- oder Alginatschicht gegossen, kurz bevor diese erstarrt. Die im Kulturmedium absinkenden Protoplasten dringen dann nur noch zur Hälfte in die festwerdende Agarose- oder Alginatschicht ein [29, 32]. (d) Mikroinjektionsanlagen werden von verschiedenen Firmen wie zum Beispiel Leitz (Leica), Zeiss, Olympus, Eppendorf, Narashige und Bachhofer angeboten. Hier ist eine Anlage der Firma Leitz abgebildet: Sie besteht aus einem inversen Mikroskop (D: Diavert), einem Mikromanipulator (M) mit zwei mechanischen Feintrieben und einem Glasnadelhalter (G), der über einen Silikonschlauch (S) mit einer Preßlufteinrichtung verbunden ist. Im Hintergrund ist das Netzgerät einer UV-Einrichtung (UV) zu sehen, die notwendig ist, wenn fluoreszierende Substanzen wie *Lucifer Yellow* benutzt werden. Am Oberrand des Bildes ist eine Kameraeinrichtung (K) zum Dokumentieren der Injektionen zu sehen. Nicht abgebildet ist die Preßlufteinrichtung, mit der man Flüssigkeiten in Pflanzenzellen spritzt. (e) Eine Mikroinjektionsnadel (M) berührt die Oberfläche des Protoplasten. (Vergrößerungsbalken: 50 μm) mußten zum Beispiel Methoden erarbeitet werden, um Pflanzenzellen während der Injektion still zu halten [25–32], wohingegen Fibroblasten von selbst fest auf auf Glasflächen wachsen können. Der Zellkern eines Fibroblasten beult den ansonsten flachen Zellkörper wie das Eidotter eines Spiegeleies aus. Dadurch ist er mit der Glaspipette leicht erreichbar, wohingegen der Zellkern in der mehr oder weniger kugeligen Pflanzenzelle nur selten eine günstige Position zur Mikroinjektionskapillare einnimmt. Die große Zentralvakuole ist zusätzlich noch ein permanentes Hindernis. Nur allzu oft wird deshalb ungewollt in die Vakuole injiziert anstatt in den Zellkern. Lucas und Mitarbeiter haben dieses Problem auf eine sehr elegante Art und Weise gelöst, indem sie in Liposomen verpackte DNA ganz bewußt in die Vakuole injizieren. Durch ihre besondere Phospholipid-Zusammensetzung fusionieren danach die Liposomen mit dem Tonoplasten und entleeren ihren Inhalt ins Cytoplasma [33].

Überraschend und enttäuschend zugleich ist der höhere Zeitbedarf für Injektionen in Pflanzenzellen im Vergleich zu Injektionen in Tierzellen, der dadurch entsteht, daß die Öffnung der Kapillare sehr schnell von Zellinhaltsstoffen blockiert wird. Das hat zur Folge, daß schon nach wenigen Injektionen die Kapillare gewechselt werden muß und daß der Nadelverbrauch insgesamt sehr hoch ist [34]. Erschwerend kommt noch hinzu, daß man bei Pflanzenzellen das Ausströmen der injizierten Flüssigkeiten nicht wie bei Fibroblasten beobachten kann, es sei denn, man mischt die DNA-Lösung zum Beispiel mit fluoreszierenden Farbstoffen [25, 28, 30]. Es ist nicht verwunderlich, daß aufgrund dieser technischen Probleme die Mikroinjektion zum Transformieren von Pflanzenzellen bis heute keine weite Verbreitung gefunden hat. Etwa ab 1985 erwiesen sich *Agrobacterium tumefaciens* (Kapitel 6), Elektroporation (Abschnitt 2.3) und die PEG-Methode (Abschnitt 2.2) für die Transformation als besser geeignet. Die Mikroinjektion von Tierzellen ist inzwischen immer weiter methodisch verbessert worden. So gibt es mittlerweile computergesteuerte, automatische Injektionsanlagen [35]. Vor kurzem wurden transgene Mäuse durch Injektion von künstlichen Chromosomen (YACs, Abschnitt 2.6) hergestellt [36]. Diese Technologie wäre auch für die Gentechnik bei Pflanzen von großem Nutzen.

Literatur

[1]   Knight, B. W.; Mitton, G. D.; Davidson, H. R.; Fensom, D. S. (1973) *Can . J. Bot.* **52**, 1491–1499.

[2]   Palevitz, B. A.; Helper, P. K. (1985) *Planta* **164**, 473–479.

[3] Salitz, A.; Schmitz, K. (1989) *Protoplasma* **153**, 37–4.

[4] Stacey, D. W.; Allfrey, V. G. (1984) *Exp. Cell Res.* **154**, 283–292.

[5] Cairns, E.; Gschwender, H. H.; Primke, M.; Yamakawa, M.; Traub, P.; Schweiger, H. G. (1978) *Proc. Natl. Acad. Sci. USA* **75**, 5557–5559.

[6] Angell, S. M.; Baulcombe, D. C. (1995) *The Plant J.* **7**, 135–140.

[7] de Laat, A. M. M.; Blaas, J. (1987) *Plant Science* **50**, 161–169.

[8] Berkowitz, D. B.; Kryspin-Sorensen, I. (1994) *Bio/Technology* **12**, 247–252.

[9] Palmiter, R. D.; Brinster, R. L.; Hammer, R. E.; Trumbauer, M. E.; Rosenfeld, M. G.; Birnberg, N. C.; Evans, R. M. (1982) *Nature* **300**, 611–615.

[10] Hammer, R.; Pursel, V. G.; Rexroad, C. E.; Wall, R. J.; Bolt, D. J.; Ebert, K. M.; Palmiter, R. D.; Brinster, R. L. (1985) *Nature* **315**, 680–683.

[11] Palmiter, R. D.; Brinster, R. L. (1985) *Cell* **41**, 343–345.

[12] Babinet, C.; Morello, D.; Renard, J. P. (1989) *Genome* **31**, 938–949.

[13] Hyttinen, J.-M.; Peura, T.; Tolvanen, M.; Aalto, J.; Alhonen, L.; Sinervirta, R.; Halmekytö, M.; Myöhänen, S.; Jänne, J. (1994) *Bio/Technology* **12**, 606–608.

[14] Sang, H. (1994) *TIBTECH* **12**, 415–420.

[15] Love, J.; Gribbin, C.; Mather, C.; Sang, H. (1994) *Bio/Technology* **12**, 60–63.

[16] Kopchik, J. J.; Stacey, D. W. (1984) *Mol. Cell Biol.* **4**, 240–246.

[17] Ryoji, M.; Worcel, A. (1985) *Cell* **40**, 923–932.

[18] Czernilofsky, A. P.; Stabel, P.; Jung, C. (1985) *DNA* **4**, 309–318.

[19] Brinster, R. L.; Chen, H. Y.; Trumbauer, M. E.; Yagle, M. K.; Palmiter, R. D. (1985) *Proc. Natl. Acad. Sci. USA* **82**, 4438–4442.

[20] Tarantul, V. Z.; Kucheriavy, V. V.; Makarova, I. V.; Baranov, Y. N.; Begetova, T. V.; Andreeva, L. E.; Gazaryan, K. G. (1986) *Mol. Gen. Genet.* **203**, 305–311.

[21] Neuhaus, G.; Spangenberg, G. (1990) *Physiol. Plant.* **79**, 213–217.

[22] Graessmann, M.; Graessmann, A. (1983) *Methods in Enzymology* **101**, 482–492.

[23] Ansorge, W. (1982) *Exp. Cell Res.* **140**, 31–37.

[24] Capecchi, M. R. (1980) *Cell* **22**, 479–488.

[25] Steinbiß, H.-H.; Stabel, P. (1983) *Protoplasma* **166**, 223–227.

[26] Steinbiß, H.-H.; Stabel, P.; Töpfer, R.; Hirtz, D.; Schell, J. (1985) In: Chapman, G. P.; Mantell, S. H.; Daniels, R. W. (Hrsg.) *Experi-*

mental manipulation of ovule tissues. Longman, New York, London. 64–75.

[27] Crossway, A.; Oakes, J. V.; Irvine, J. M.; Ward, B.; Knauf, V. C.; Shewmaker, C. K. (1986) *Mol. Gen. Genet.* **202**, 179–185.

[28] Reich, T. J.; Iyer, V. N.; Scobie, B.; Miki, B. L. (1986) *Can. J. Bot.* **64**, 1255–1258.

[29] Aly, M. A. M.; Owens, L. D. (1987) *Plant Cell, Tissue and Organ Culture* **10**, 159–174.

[30] Morikawa, H.; Yamada, Y. (1985) *Plant Cell Physiol.* **26**, 229–236.

[31] Lawrence, W. A.; Davies, D. R. (1985) *Plant Cell Rep.* **4**, 33–35.

[32] Schnorf, M.; Neuhaus-Url, G.; Galli, A.; Iida, S.; Potrykus, I.; Neuhaus, G. (1991) *Transgenic Res.* **1**, 23–30.

[33] Lucas, W. J.; Lansing, A.; de Wet, J. R.; Walbot, V. (1990) *Physiol. Plantarum* **79**, 184–189.

[34] Schnorf, M.; Potrykus, I.; Neuhaus, G. (1994) *Exp. Cell. Res.* **210**, 260–267.

[35] Pepperkok, R.; Schneider, C.; Philipson, L.; Ansorge, W. (1988) *Exp. Cell Res.* **178**, 369–376.

[36] Schedl, A.; Beermann, F.; Thies, E.; Montoliu, L.; Kelsey, G.; Schütz, G. (1992) *Nucl. Acids Res.* **20**, 3073–3077.

3.3   Partikelbeschuß-Technik (*Biolistic* und *Acell*)

Bei dieser Technik werden Gold- oder Wolframpartikel mit Nucleinsäuren überzogen und mit hoher Geschwindigkeit in Pflanzenzellen geschossen. Der Partikeldurchmesser beträgt ein bis zwei μm. Mit Recht nennt man sie deshalb Mikroprojektile. Als Zielobjekte sind Zellen, Kalli, Gewebestücke und Teilbereiche von intakten Pflanzen wie zum Beispiel freigelegte Apikalmeristeme geeignet. In den getroffenen Zellen kommen die Partikel zum Stillstand, und die Nucleinsäuren lösen sich ab. Das kann im Cytoplasma, in der Vakuole oder im Zellkern geschehen [1], aber auch in Plastiden oder Mitochondrien. Die experimentellen Bedingungen können so gewählt werden, daß die Weiterentwicklung der Zellen durch die Verletzung nicht spürbar beeinträchtigt wird.

Seit dem ersten Bericht im Jahre 1987 über eine Schußanlage für Mikroprojektile durch Klein und Mitarbeiter [2] sind bis heute sehr verschiedene Modelle beschrieben worden. Dazu zählen die elektrisch betriebene

Anlage „Acell" der Firma Agracetus [3, 4], verschiedene durch Preßluft, Helium oder Kohlendioxid angetriebene Anlagen [5–13] und ein Gerät, mit dem man in Verbindung mit einem Mikroskop ausgewählte Zellen beschießen kann [14–16]. Hinzu kommen einige Geräte mit kleineren Veränderungen, die den Partikelbeschuß einfacher, sicherer, genauer und kostengünstiger machen. Die einzige im Fachhandel erhältliche und demzufolge weit verbreitete Schußanlage ist die mit Helium angetriebene der Firma Biorad (*biolistic*, Abb. 3.2). Zum besseren Verständnis ist ihre Funktionsweise in der Legende kurz beschrieben.

Mit der Partikelbeschuß-Technik wurden fast alle bedeutenden Kulturpflanzen (Tabelle Seite 11) einschließlich der Getreide transformiert. In dieser Hinsicht ist sie die erfolgreichste Transformationsmethode, die es zur Zeit gibt [17]. Immer wieder werden bemerkenswerte Verbesserungen der Transformationsraten und neue Beschußtechniken beschrieben [18, 19]. Bei einigen Kulturpflanzen (zum Beispiel bei Sojabohne, Baumwolle und Reis) sind so viele verschiedene bedeutende Sorten erfolgreich transformiert worden, daß der Eindruck entstehen kann, diese Methode sei grundsätzlich sortenunabhängig verwendbar [20]. Bei genauem Studium der entsprechenden Veröffentlichungen fällt allerdings auf, daß die Partikel direkt in Meristeme von fast vollständigen Pflanzen geschossen wurden. Dadurch konnte weitestgehend auf Gewebekulturmaßnahmen verzichtet werden. In den meisten Fällen wird die Partikelbeschuß-Technik jedoch bei Sproßstücken und Embryonen eingesetzt, deren Gewebekultureignung ihren Einsatz genauso einschränkt wie bei anderen Methoden.

Vor kurzem wurde in der Zeitschrift Bio/Technology in zwei Artikeln beschrieben, wie man die Banane (*Musa acuminata*) zum einen mit der Partikelbeschuß-Technik und zum anderen mit *Agrobacterium tumefaciens* transformieren kann [21, 22]. Dadurch kommt zum Ausdruck, daß es Alternativen zur Partikelbeschuß-Technik gibt. Nicht immer wird das so deutlich wie in diesem Beispiel. So wurde Anfang 1995 berichtet, daß die Luzerne (*Medicago sativa*) mit ihrer Hilfe transformiert werden konnte [23]. Das aber war schon seit 1991 mit *Agrobacterium tumefaciens* möglich [24]. Bei Sojabohne, Baumwolle, Reis, Weizen, Mais und anderen Kulturpflanzen ist die Partikelbeschuß-Technik ebenfalls nicht ohne Alternativen. Seit auch der Reis erfolgreich mit *Agrobacterium tumefaciens* transformiert werden konnte [25, 26] und niemand daran zweifelt, daß demnächst die anderen Getreide folgen werden, gibt es für alle wichtigen Kulturpflanzen mehrere Transformationsmethoden. Wie wird sich die Partikelbeschuß-Technik in der Zukunft entwickeln? Das wird davon abhängen, ob der Anschaffungspreis für eine Beschußapparatur und die

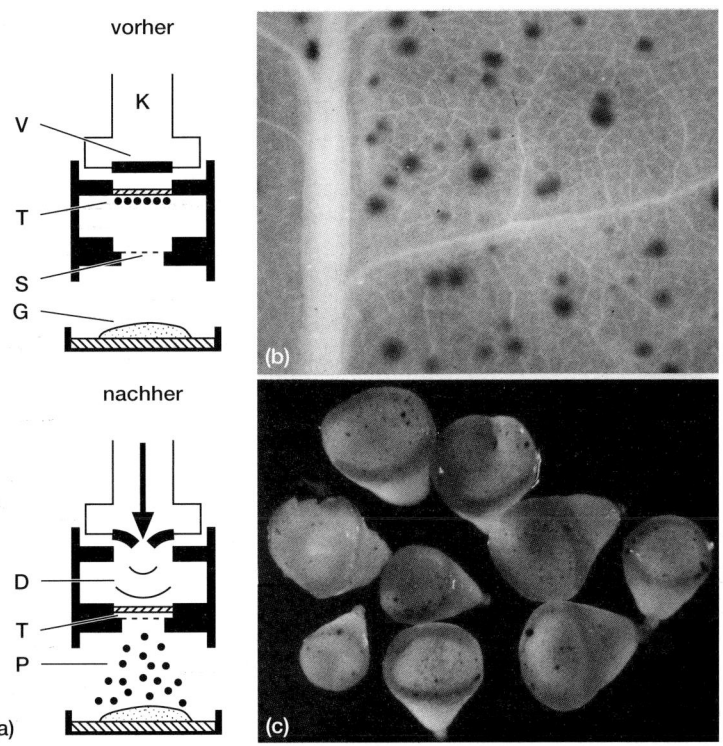

3.2 Partikelbeschußapparatur „*biolistic*". (a) Eine kleine Kammer (K) wird so lange mit Helium gefüllt, bis die Verschlußfolie (V) platzt. Dadurch entsteht eine Druckwelle (D), welche die Trägerfolie (T) mit den angetrockneten, DNA-umhüllten Partikeln blitzartig beschleunigt und gegen das Stoppnetz (S) schleudert. Die Partikel fliegen durch die Netzmaschen auf das Pflanzengewebe zu, während die Trägerfolie (T) am Netz hängenbleibt. Die Geschwindigkeit der Partikel wird von der Stärke der Gasdruckwelle bestimmt. Diese läßt sich durch die Festigkeit der Verschlußfolie (V) regeln. Es werden vom Händler einige Typen angeboten, die bei unterschiedlichem Enddruck platzen. Der ganze Prozeß läuft in einer evakuierten Kammer ab. Dadurch ist die Geräuschentwicklung minimal und für die Partikel der Luftwiderstand reduziert. (b) Zum Kalibrieren der Beschußanlage eignen sich Tabakblätter und ein Gen für die β-Glucuronidase. Zwei Tage nach dem Beschuß kann man durch einen enzymatischen Test, der mit einem blauen Indigo-Farbkomplex abschließt, nachweisen, wo im Blatt vorübergehend (transient) das Gen für β-Glucuronidase exprimiert wurde. (c) Unreife Embryonen (zwei Wochen nach der Befruchtung) der Wintergerstensorte „Igri" wurden mit dem Gen für die β-Glucuronidase beschossen. Die Flecken im Scutellum zeigen Genexpression an.

laufenden Betriebskosten so stark gesenkt werden können, daß sich möglichst viele Labors diese Technologie leisten können, und natürlich auch davon, wie sich *Agrobacterium tumefaciens* als Genfähre weiterentwickelt. Vor allem stellt sich die Frage, ob *Agrobacterium* wie die Partikelbeschuß-Technik ein breites Sortenspektrum wichtiger Kulturpflanzen transformieren kann [27].

Alle anwendungsorientierten Arbeitsgruppen werden ihr Augenmerk auch auf die patentrechtliche Situation richten müssen. Sollte nämlich mit der Partikelbeschuß-Technik eine wirtschaftlich nutzbare Kulturpflanze geschaffen werden, muß man von den Patentanmeldern eine Nutzungslizenz erwerben. Das gilt natürlich auch für alle anderen gentechnischen Methoden, die patentrechtlich abgesichert sind. Keinen Einfluß wird diese Problematik auf die Grundlagenforschung haben, in der jede Arbeitsgruppe die optimale Methode frei aussuchen kann.

Literatur

[1]   Yamashita, T.; Iida, A.; Morikawa, H. (1991) *Plant Physiol.* **97**, 829–831.

[2]   Klein, T. M.; Wolf, E. D.; Wu, R.; Sanford, J. C. (1987) *Nature*, **327**, 70–73.

[3]   McCabe, D. E.; Christou, P. (1993) *Plant Cell, Tissue and Organ Culture* **33**, 227–236.

[4]   McCabe, D. E.; Swain, W. F.; Martinell, B. J.; Christou, P. (1988) *Bio/Technology* **6**, 923–926.

[5]   Oard, J. H.; Paige, D. F.; Simmonds, J. A.; Gradziel, T. M. (1990) *Plant Physiol.* **92**, 334–339.

[6]   Seki, M.; Komeda, Y.; Iida, A.; Yamada, Y.; Morikawa, H. (1991) *Plant Mol. Biol.* **17**, 259–263.

[7]   Gray, D. J.; Finer, J. J. (1993) *Plant Cell, Tissue and Organ Culture* **33**, 219–257.

[8]   Kikkert, J. R. (1993) *Plant Cell, Tissue and Organ Culture* **33**, 221–226.

[9]   Oard, J. H. (1993) *Plant Cell, Tissue and Organ Culture* **33**, 247–250.

[10] Finer, J. J.; Vain, P.; Jones, M. W.; McMullen, M. (1993) *Plant Cell Rep.* **11**, 323–328.

[11] Vain, P.; Keen, N.; Murillo, J.; Rathus, C.; Nemes, C.; Finer, J. J. (1993) *Plant Cell, Tissue and Organ Culture* **33**, 237–246.

[12] Brown, D. C. W.; Tian, L.; Buckley, D. J.; Lefebvre, M.; McGrath, A.; Webb, J. (1994) *Plant Cell, Tissue and Organ Culture* **37**, 47–53.

[13] Gray, D. J.; Hiebert, E.; Lin, C. M.; Compton, M. E.; McColley, D. W.; Harrison, R. J.; Gaba, V. P. (1994) *Plant Cell, Tissue and Organ Culture* **37**, 179–184.

[14]   Sautter, C. (1993) *Plant Cell, Tissue and Organ Culture* **33**, 251–257.

[15]   Sautter, C.; Waldner, H.; Neuhaus-Url, G.; Galli, A.; Neuhaus, G.; Potrykus, I. (1991) *Bio/Technology* **9**, 1080–1085.

[16]   Leduc, N.; Iglesias, V. A.; Bilang, R.; Gisel, A.; Potrykus, I.; Sautter, C. (1994) *Sex. Plant Reprod.* **7**, 135–143.

[17]   Christou, P. (1993) *Curr. Opin. Biotechnol.* **4**, 135–141.

[18]   Iglesias, V. A.; Gisel, A.; Bilang, R.; Leduc, N.; Potrykus, I.; Sautter, C. (1994) *Planta* **192**, 84–91.

[19]   Russell, J. A.; Roy, M. K.; Sanford, J. C. (1992) *In Vitro Cell. Dev. Biol.* **28P**, 97–10.

[20]   Christou, P. (1993) *In Vitro Cell. Dev. Biol.* **29P**, 119–124.

[21]   May, G. D.; Afza, R.; Mason, H. S.; Wiecko, A.; Novak, F. J.; Arntzen, C. J. (1995) *Bio/Technology* **13**, 486–492.

[22]   Sagi, L.; Panis, B.; Remy, S.; Schoofs, H.; De Smet, K.; Swennen, R.; Cammue, B. P. A. (1995) *Bio/Technology* **13**, 481–485.

[23]   Pereira, L. F.; Erickson, L. (1995) *Plant Cell Rep.* **14**, 290–293.

[24]   Hill, K. K.; Jarvis-Eagan, N.; Halk, E. L.; Krahn, K. J.; Liao, L. W.; Mathewson, R. S.; Merlo, D. J.; Nelson, S. E.; Rashka, K. E.; Loesch-Fries, L. S. (1991) *Bio/Technology* **9**, 373–377.

[25]   Chan, M.-T.; Chang, H.-H.; Ho, S.-L.; Tong, W.-F.; Yu, S.-M. (1993) *Plant Mol. Biol.* **22**, 491–506.

[26]   Hiei, Y.; Ohta, S.; Komari, T.; Kumashiro, T. (1994) *The Plant J.* **6**, 271–282.

[27]   Curtis, I. S.; Power, J. B.; Blackhall, N. W.; de Laat, A. M. M.; Davey, M. R. (1994) *J. Exp. Bot.* **45**, 1441–1449.

3.4   Mikrolaser

Laserlicht mit Lichtintensitäten um 10^{13} W/cm^2 ist geeignet für Untersuchungen im mikroskopischen Bereich und in komplexen biologischen Objekten unter natürlichen Bedingungen. Die Lasertechnik arbeitet berührungslos und ohne Verletzung der Zellwand in der Tiefe des biologischen Objektes und läßt sich in Mikrometerbereichen fokussieren.Wie eine optische Pinzette hält und bewegt der Laserstrahl biologische Moleküle, Partikel, Zellbestandteile und ganze Zellen. Arbeiten mit dem Mikrolaser lassen sich automatisieren und vom Computer steuern. Seit der Erfindung des Lasers in den sechziger Jahren hat die Anzahl der Publikationen über seinen Einsatz in der Biologie laufend zugenommen. Das ging einher mit der stetigen Verbesserung des Lasers und einem Zuwachs an neuen Erkenntnissen über die physikalischen Rahmenbedingungen dieser Technologie [1]. Heute werden die in Kombination mit einem Lichtmikroskop nutzbaren Laserlichtquellen grob in zwei Klassen eingeteilt: Laser mit Wellenlängen im nahen UV-Bereich (zum Beispiel Stickstoff-Laser) und Infrarot-Laser im Bereich von 800 bis 1100 nm.

Der Mikrolaser ist grundsätzlich dazu geeignet, Pflanzenzellen zu fusionieren und zur DNA-Aufnahme Zellwände, Membranen oder Plastiden zu perforieren [2] sowie Chromosomen zu bearbeiten [3–6]. Die behandelten Zellen und Organellen überstehen die Behandlung ohne erkennbare Schäden. Insofern wäre der Mikrolaser ein ideales Werkzeug zur gentechnischen Veränderung von Pflanzenzellen, wenn da nicht die hohen Anschaffungs- und Betriebskosten wären. Das wird wohl auch der wichtigste Grund dafür sein, daß nur ganz wenige Labors in der Welt damit arbeiten können und demzufolge auch sein Einsatzbereich auf Spezialfälle beschränkt bleibt. Wie das vorliegende Buch jedoch zeigt, gibt es zur Herstellung transgener Pflanzen viele einfachere und kostengünstigere Alternativen wie zum Beispiel *Agrobacterium tumefaciens* (Kapitel 6), die PEG-Methode (Abschnitt 2.2) oder die Elektroporation (Abschnitt 2.3 und 3.7).

Vor kurzem wurde veröffentlicht, daß man mit einem Helium-Laser (632 nm) Mutationen auslösen kann [7]. Das wirft natürlich die Frage auf, ob Routinetransformationen mit einem Mikrolaser bisher nicht bekannte und unerwünschte Begleiterscheinungen haben könnten. Dieses Problem läßt sich nur durch Untersuchungen an einer möglichst großen Zahl von transgenen Pflanzen lösen. Das war bisher nicht möglich, da noch kein entsprechendes Pflanzenmaterial existiert. Die wenigen Berichte über transgene Pflanzen, die mit einem Mikrolaser hergestellt wurden, reichen nicht einmal aus, um sein Potential als Transformationsmethode realistisch bewerten zu können.

Literatur

[1]   Greulich, K.-O.; Weber, G. (1992) *J. Microsc.* **167**, Pt2.

[2]   Weber, G.; Monajembashi, S.; Wolfrum, J.; Greulich, K.-O. (1990) *Physiol. Plantarum* **79**, 190–193.

[3]   Fukui, K.; Minezawa, M.; Kamisugi, Y.; Ishikawa, M.; Ohmido, N.; Yanagisawa, T.; Fujishita, M.; Sakai, F. (1992) *Theor. Appl. Biol.* **84**, 787–791.

[4]   Weber, G.; Greulich, K.-O. (1992) *Int. Rev. Cytol.* **133**, 1–41.
[5]   Berns, M. W.; Aist, J. R.; Wright, W. H.; Liang, H. (1992) *Exp. Cell Res.* **198**, 375–378.
[6]   Berns, M. W.; Wright, W. H.; Wiegand-Steubing, R. (1991) *Int. Rev. Cytol.* **129**, 1–44.
[7]   Rybinski, W.; Patyna, H.; Przewozny, T. (1993) *Genetica Polonica* **34**, 337–343.

3.5   Silikonfasern

Wenn man mit Hilfe der Partikelbeschuß-Technik (Abschnitt 3.3) Metallpartikel in Pflanzenzellen schießen kann, stellt sich die Frage, ob es noch andere Wege gibt, die Zellwände von Pflanzen vorübergehend für Nucleinsäuren durchlässig zu machen. Bei Tierzellen hat man das zum Beispiel durch wachsende Eiskristalle beim Einfrieren erreicht [1]. Eine andere Möglichkeit besteht darin, mit Glasnadeln Löcher in Tierzellen zu stechen, um Nucleinsäuren den Eintritt zu erleichtern [2]. Diese beiden Methoden haben bei Pflanzenzellen bisher noch nicht zum gewünschten Erfolg geführt. Jedoch können Silikoncarbidfasern wie Mikroinjektionsnadeln wirken, wenn man sie zusammen mit DNA zu Protoplasten [3, 5] oder Suspensionskulturzellen [4] gibt und anschließend den ganzen Ansatz gründlich auf einem Vortex-Mixer durcheinanderwirbelt. Dabei entstehen die für die DNA-Aufnahme notwendigen Poren in den Zellwänden. In einem Fall sind damit transgene Pflanzen hergestellt worden [6].

Die Erfinder dieser Technik mahnen selber zur Vorsicht bei der Handhabung der Fasern [3, 5], weil sie im Verdacht stehen, Lungenkrebs hervorzurufen. Niemand wird bezweifeln, daß man mit Silikoncarbidfasern Pflanzenzellen transformieren kann. Nur steht das Resultat in keinem Verhältnis zum gesundheitsgefährdenden Potential dieser Methode. Da es viele Alternativen gibt, sollte man auf Silikoncarbidfasern und ähnliche Stoffe im Labor völlig verzichten. Möglicherweise reicht es ja auch schon aus, wenn man statt der Fasern kleine Glaskügelchen zum Herstellen von Mikrowunden verwendet [7].

Literatur

[1]   Sasaki, K.; Mizusawa, H.; Ishidate, M.; Tanaka, N. (1991) *In Vitro Cell Dev. Biology* **27A**, 86–88.

[2]   Yamamoto, F.; Furusawa, M.; Furusawa, I.; Obinata, M. (1982) *Exp. Cell Res.* **142**, 79–84.

[3]   Kaeppler, H. F.; Gu, W.; Somers, D. A.; Rines, H. W.; Cockburn, A. F. (1990) *Plant Cell Rep.* **9**, 415–418.

[4]   Asano, Y.; Otsuki, Y.; Ugaki, M. (1991) *Plant Science* **79**, 247–252.

[5]   Kaeppler, H. F.; Somers, D. A.; Rines, H. W.; Cockburn, A. F. (1992) *Theor. Appl. Genet.* **4**, 560–566.

[6]   Wang, K.; Drayton, P.; Frame, B.; Dunwell, J.; Thompson, J. (1995) *In Vitro Cell Dev. Biol.* **31P**, 101–104.

[7]   Grayburn, W. S.; Vick, B. A. (1995) *Plant Cell Rep.* **14**, 285–289.

3.6   Ultraschall

Unter Ultraschall versteht man Frequenzen oberhalb des menschlichen Hörbereichs, das heißt über 20 kHz. Viele Tiere können Ultraschall erzeugen und hören. So stoßen Fledermäuse in rhythmischer Folge Ultraschall von 30 bis 70 kHz aus und orientieren sich mit Hilfe des Echos. Im technischen Bereich werden zum Beispiel Flüssigkeiten mit Ultraschall entgast. Bei diesem Vorgang sammelt sich fein verteiltes Gas und bildet Blasen in der Flüssigkeit (Hohlsog, Kavitation). Falls aber die Gasblasen aus technischen Gründen nicht entweichen können, wie zum Beispiel innerhalb einer Pflanzenzelle, nehmen sie nur an Größe zu, um schließlich innerhalb der Flüssigkeit wieder zu implodieren, wodurch eine Druckwelle entsteht und sich Wärme entwickelt. Das ist in vereinfachter Form gesagt die Ursache für die reinigende Wirkung von Ultraschallwasserbädern, wobei die Wärmeentwicklung häufig mit einem Eisbad kompensiert wird.

Es steht außer Zweifel, daß Pflanzenzellen, Protoplasten oder Nucleinsäuren durch die bei der Ultraschallbehandlung freiwerdenden Druckwellen Schaden nehmen [1, 2]. Durch Feinjustierung der Druckwellenamplitude kann man aber einen Zustand erreichen, in dem die Gasblasen in den Zellen nicht mehr implodieren, sondern lediglich ständig ihr Volumen verändern (oszillieren) und dann wie Mikropumpen die DNA in Zellen einschleusen [3]. Zur Zeit wird noch diskutiert, ob nicht die beim Implodieren der Gasblasen ausgesandten Druckwellen die Plasmamembranen vorübergehend lokal durchlässig machen [4].

Joersbo und Brunstedt erarbeiteten 1990 geeignete experimentelle Bedingungen, mit denen sie das Gen für die Chloramphenicol-Acetyltransferase (CAT) mit Hilfe des Ultraschalls in Protoplasten der Zuckerrübe einschleusten und zwei Tage später dessen Expression nachweisen konnten [5]. In einem anderen Experiment wurden mit diesen Bedingungen Virionen des *Beet Necrotic Yellow Vein Virus* (BNYVV) in Protoplasten gebracht [6]. Dieses Virus ist der Erreger der Rhizomania-Krankheit (Wurzelbärtigkeit) der Zuckerrübe. Allerdings weisen die Autoren auch auf noch bestehende Wissenslücken hinsichtlich der biochemischen, physiologischen und genetischen Auswirkungen von Ultraschall auf lebende Zellen hin [7]. Das Reizvolle an dieser Technik ist die Möglichkeit, auch ganze Gewebestücke behandeln zu können, was in einem Fall schon zu transgenen Tabakpflanzen geführt hat [8].

Literatur

[1]   Peacocke, A. R.; Pritchard, N. J. (1968) *Biopolymers* **6**, 605–623.
[2]   Elsner, H.; Lindblad, E. B. (1989) *DNA* **8**, 697–701.
[3]   Frizzell, L. A. (1988) Biological effects of acoustic cavitation. In: Suslick, K. (Hrsg.) *Ultrasound: Chemical, Physical and Biological Effects.* VCH Verlagsgesellschaft, Weinheim. 287–303.
[4]   Joersbo, M.; Brunstedt, J. (1991) *Physiol. Plantarum* **81**, 256–264.
[5]   Joersbo, M.; Brunstedt, J. (1990) *Plant Cell Rep.* **9**, 207–210.
[6]   Joersbo, M.; Brunstedt, J. (1990) *J. Virol. Methods* **29**, 63–70.
[7]   Joersbo, M.; Brunstedt, J. (1992) *Physiol. Plantarum* **85**, 230–234.
[8]   Zhang, L.-J.; Cheng, L.-M.; Xu, N.; Zhao, N.-M.; Li, C.-G.; Yuan, J.; Jia, S.-R. (1991) *Bio/Technology* **9**, 996–997.

3.7   *In situ*-Elektroporation

Die Transformation von Bakterien durch Elektroporation ist heute eine Routinemethode bei *E. coli* [1], *Agrobacterium* [2], *Corynebacterium* [3], *Xanthomonas* [4] und *Bradyrhizobium* [5]. Natürlich stellt sich die Frage, ob man auch Zellwände von Pflanzen mit elektrischen Pulsen für Nucleinsäuren durchlässig machen könnte. Dann nämlich ließen sich Suspensionskulturzellen, Blattstücke oder Embryonen direkt zum Transformieren verwenden, und man müßte nicht erst Protoplasten daraus herstellen, was Zeit und Geld kostet beziehungsweise später Schwierigkeiten bei der Regeneration zu transgenen Pflanzen hervorrufen kann (Abschnitt 2.1). Die Protoplastentransformation hat aber den Vorteil, daß die ganze Regenerationsprozedur von einer einzigen Zelle ausgeht. Das ist bei der Elektroporation von Geweben nicht der Fall. Hier muß zunächst einmal die transformierte Zelle im Kallus oder im Gewebe durch strenge Selektion einen Wachstumsvorteil gegenüber den nicht transformierten Zellen erhalten. Zwingende Voraussetzung für den gewünschten Erfolg ist deshalb der Einsatz selektierbarer Markergene und der entsprechenden Toxine (Abschnitt 1.3). In diesem Bereich besteht zwischen der *in situ*-Elektroporation von Zellen und Geweben, *Agrobacterium tumefaciens* (Kapitel 5) und der Partikelbeschuß-Technik (Abschnitt 3.3) kein wesentlicher Unterschied.

In einem der ersten Experimente mit der *in situ*-Elektroporation nahm man RNA des Tabakmosaikvirus (TMV) und schleuste sie direkt in Tabakblattzellen ein. Aus der nachgewiesenen Virusvermehrung schloß man, daß der Nucleinsäuretransfer erfolgreich war [6]. Am Mais konnte man dann mit Hilfe der transienten Genexpression zum ersten Mal zeigen, daß auch DNA durch Zellwände hindurch elektroporiert werden kann [7]. Mit derartigen Experimenten ließen sich später auch transgene Maispflanzen regenerieren [8]. Da bei allen diesen Versuchen zunächst Gewebestückchen mit DNA inkubiert und erst anschließend mit elektrischen Pulsen behandelt wurden, kann man nicht ausschließen, daß die DNA über die Wundrandzellen ins Gewebe eingedrungen ist und anschließend lediglich mit Hilfe des elektrischen Pulses das Plasmalemma überwunden hat. Damit ist also noch nicht eindeutig bewiesen, daß ganz normale Zellwände durch einen elektrischen Puls für DNA durchlässig gemacht werden können. Diese Bedenken gelten auch für Experimente, bei denen halbierte Embryonen von Reis mit DNA inkubiert und anschließend elektroporiert wurden. Auch daraus konnten transgene Reispflanzen regeneriert werden [9]. Bei Suspensionskulturzellen des Mais hat man zunächst mit dem Enzym Pectolyase R10 einen Teil der Zellwände abverdaut und danach mit der *in situ*-Elektroporation transformiert [10].

Ganz anders sieht es aus, wenn man völlig unbehandelte Kalli [11–13] oder unreife Embryonen [14, 15] elektrischen Pulsen unterwirft. In diesen Fällen muß die DNA durch intakte Zellwände geschleust werden. Bisher

wurde nur von transienter Genexpression berichtet, und man darf ge-
spannt sein, wann die ersten transgenen Pflanzen durch *in situ*-Elektropo-
ration unreifer Embryonen hergestellt werden können. Kritiker weisen
allerdings völlig zu Recht darauf hin, daß auch in Suspensionskulturen
einige Zellen verletzt sind und unreife Embryonen ohne mechanische
Verletzungen kaum isoliert werden können. Außerdem werden sie ein-
wenden, daß erfolgreiche Experimente an Tierzellen [16, 17] noch lange
nicht auf Pflanzenzellen übertragbar sind, weil den Tierzellen die starre
Zellwand fehlt. Für die Anwendung der *in situ*-Elektroporation ist es
unwichtig, wie die DNA in die Pflanzenzellen gelangt ist. Die Methode
hat gute Chancen, weite Verbreitung zu finden, wenn sie im Routinebetrieb einen Vorteil bietet. Diesen Beweis ist sie jedoch bis heute schuldig
geblieben [18].

Literatur

[1] Fiedler, S.; Wirth, R. (1988) *Analytical Biochemistry* **170**, 38–44.

[2] Mozo, T.; Hooykaas, P. J. J. (1991) *Plant Mol. Biol.* **16**, 917–918.

[3] Dunican, L. K.; Shivnan, E. (1989) *Bio/Technology* **7**, 1067–1070.

[4] Yang, M.-K.; Su, W.-C.; Kuo, T.-T. (1991) *Bot. Bull. Academica Sinica* **32**, 197–203.

[5] Guerinot, M. L.; Morisseau, B. A.; Klapatch, T. (1990) *Mol. Gen. Genet.* **221**, 287–290.

[6] Morikawa, H.; Iida, A.; Matsui, C.; Ikegami, M.; Yamada, Y. (1986) *Gene* **41**, 121–124.

[7] Dekeyser, R. A.; Claes, B.; De Rycke, R. M. U.; Habets, M. E.; Van Montagu, M.; Caplan, A. B. (1990) *The Plant Cell* **2**, 591–602.

[8] D'Halluin, K.; Bonne, E.; Bossut, M.; De Beuckeleer, M.; Lee-mans, J. (1992) *The Plant Cell* **4**, 1459–1505.

[9] Xu, X.; Li, B. (1994) *Plant Cell Rep.* **13**, 237–242.

[10] Laursen, C. M.; Krzyzek, R. A.; Flick, C. E.; Anderson, P. C.; Spencer, T. M. (1994) *Plant Mol. Biol.* **24**, 51–61.

[11] Zaghmout, O. M.-F. (1993) *Cereal Res. Comm.* **21**, 301–308.

[12] Zaghmout, O. M.-F. (1994) *Theor. Appl. Genet.* **89**, 577–582.

[13] Arencibia, A.; Molina, P. R.; de la Riva, G.; Selman-Housein, G. (1995) *Plant Cell Rep.* **14**, 305–309.

[14] Klöti, A.; Iglesias, V. A.; Wünn, J.; Burkhardt, P. K.; Datta, S. K.; Potrykus, I. (1993) *Plant Cell Rep.* **12**, 671–675.

[15] Songstad, D. D.; Halaka, F. G.; DeBoer, D. L.; Armstrong, C. L.; Hinchee, M. A. W.; Ford-Santino, C. G.; Brown, S. M.; Fromm, M.

E.; Horsch, R. B. (1993) *Plant Cell, Tissue and Organ Culture* **33**, 195–201.

[16] Toneguzzo, F.; Keating, A. (1986) *Proc. Natl. Acad. Sci. USA* **83**, 3496–3499.

[17] Yorifuji, T.; Mikawa, H. (1990) *Mutation Res.* **243**, 121–126.

[18] Lindsey, K.; Jones, M. G. K. (1990) *Physiol. Plant.* **79**, 168–172.

4.

Transformation ohne Gewebekultur

Alle bisher beschriebenen Transformationsmethoden hängen mehr oder weniger von der Gewebekultureignung des Objektes ab. Das hat zu einer kaum noch überschaubaren Vielfalt von Transformationsprotokollen geführt. Manche kann man nur mit sehr teuren Apparaten durchführen. Hinzu kommt, daß jede Art von Gewebekultur das Zielobjekt genetisch verändert (somaklonale Variation, Abschnitt 1.7). Deshalb ist es verständlich und begrüßenswert, daß weiter nach neuen Transformationsmethoden gesucht wird, die möglichst ohne Gewebekultur auskommen und mit ganz einfachen Mitteln durchgeführt werden können. Sehr oft wird dazu unsteriles Pflanzenmaterial verwendet, und es wird leider zu wenig darauf geachtet, daß bei diesen Methoden in den Pflanzen lebende Mikroorganismen (Endophyten) transformiert werden können (Abschnitt 3.1).

4.1   Zellen, Gewebe und ganze Pflanzen

Bereits in den sechziger Jahren wurde mehrfach darüber berichtet, daß Pflanzen vorzugsweise über ihre Wurzeln DNA aus Flüssigkeiten aufnehmen können. Da dieses Phänomen hauptsächlich mit radioaktiv markierter DNA oder mit isopyknischen Gradienten nachgewiesen wurde [1], sind nach heutigem Kenntnisstand Zweifel an der Aussagekraft der Experimente angebracht. Das gleiche gilt für Arbeiten in den siebziger Jahren mit Kalli und Suspensionskulturen [2, 3]. Man kann nämlich mit diesen Methoden keine Aussagen über die Qualität der übertragenen DNA machen: Die Gesamtradioaktivität einer Meßprobe sagt zum Beispiel nichts über Größe der DNA-Moleküle aus und ob man von ihnen noch sinnvolle Genprodukte erwarten kann. Anders sieht es schon aus, wenn die Veränderung von Blütenfarben [4], die Synthese eines neuartigen Enzyms [5] oder der Einbau von Phagen-DNA [6] als Beweis einer geglückten Transformation herangezogen wurden. Optimal wäre natürlich der Einsatz klonierter Gene, deren Struktur und Produkte genau bekannt sind.

Daß Nucleinsäuren von verletzten Haaren oder Epidermiszellen [7] aufgenommen werden können, wird heute im allgemeinen akzeptiert. Auf diese Weise lassen sich zum Beispiel Blätter durch das Aufreiben von Tabakmosaikvirus-(TMV-)RNA infizieren. Allerdings sollte man anmerken, daß hier im Gegensatz zu gereinigten klonierten Genen ein einziges intaktes TMV-RNA-Molekül zur Infektion ausreicht. Außerdem wissen wir, daß sich TMV mit Hilfe eines speziellen Transportproteins im Gewebe ausbreiten kann [8] und seine eigene Vermehrung genetisch steuert. Diese Eigenschaften besitzen gereinigte klonierte Gene nicht. Das wird der Grund dafür sein, daß man Blätter durch Einreiben mit klonierten DNA-Molekülen bisher nicht transformieren konnte. Nach gründlichem Studium von RNA- und DNA-Viren scheint das jedoch möglich zu sein, wenn gentechnisch veränderte Viren als Genüberträger (Vektoren) benutzt [9] oder wenigstens die klonierten DNA-Moleküle wie Viren mit einer Hülle aus Schutz- und Transportproteinen umkleidet werden.

Aufmerksamkeit haben Experimente erregt, bei denen Pflanzenzellen durch einen schnellen Trocknungsprozeß kurzzeitig Wasser entzogen wurde. Ganz offensichtlich benötigen Plasmalemma und Cytoplasma eine bestimmte Menge Wasser, um die Kontrolle über Aufnahme und Abgabe großer Moleküle (Zucker, Proteine, Nucleinsäuren) aufrecht zu erhalten (Semipermeabilität). Unterhalb eines bestimmten Schwellenwertes kann zum Beispiel DNA ungehindert in die Zellen eindringen [10]. Die betroffenen Zellen bleiben dabei lebensfähig, was diese Methode von der oben beschriebenen deutlich unterscheidet, bei der die aufnehmenden Zellen stark verletzt werden müssen und anschließend kaum noch überleben können. Nach Zugabe von Wasser stellt sich aber der alte Zustand schnell wieder ein. Da oberflächennahe Zellen transformiert sein können, muß man sich aber wieder der Gewebekultur bedienen, um aus diesen Zellen transgene Pflanzen zu erhalten. Auch hier würde sich die Situation grundlegend ändern, wenn die DNA-Moleküle wie bei einem Virus mit einem Protein umhüllt wären, welches vor enzymatischem Abbau schützt und die Moleküle über die ganze Pflanze verbreitet. Allerdings existiert eine solche Technik bis heute noch nicht für jede beliebige DNA, sondern nur für virusverwandte Nucleinsäuren.

Seit Einführung der Partikelbeschuß-Technik (Abschnitt 3.3) ist es möglich, an Gold- oder Wolframcarbidpartikel gebundene DNA in lebende Pflanzenzellen zu schießen. Um dabei ganz ohne Gewebekultur auszukommen, muß man mit Keimlingen experimentieren, bei denen vor dem Beschuß Meristeme freigelegt wurden. Anschließend kultiviert man die Pflanzen ganz normal in Erde und hofft, daß in den Meristemen Zellen transformiert wurden, aus denen sich später transgene Pollen und/oder Eizellen bilden. Bei Sojabohne [11, 12], Baumwolle [13, 14], und Erdnuß [15, 16] hat man die Apikalmeristeme abgetrennt und erst dann mit Partikeln beschossen. Diese Technik entspricht nicht ganz der Idealvorstellung von einer gewebekulturlosen Transformationsmethode, aber die Gewebekulturphase ist vergleichsweise kurz, und es entsteht kein Kallus, wodurch das Risiko einer somaklonalen Variation (Abschnitt 1.7) erheblich reduziert wird. Wie 1993 gezeigt wurde, eignen sich unter Umständen auch Meristeme von Zuckerrohr und Weizen als Objekte für diese Technik [17, 18]. Beide Pflanzen sind von großer ökonomischer Bedeutung, bereiten aber mit anderen Transformationsmethoden erhebliche Schwierigkeiten, die hauptsächlich auf ihre mangelhafte Gewebekultureignung zurückzuführen sind.

Literatur

[1]   Kleinhofs, A.; Behki, R. (1977) *Annu. Rev. Genet.* **11**, 79–101.

[2]   Bendich, A. J.; Filner, P. (1971) *Mutation Res.* **13**, 199–214.

[3]   Lurquin, P. F.; Hotta, Y. (1975) *Plant Science Lett.* **5**, 103–112.

[4]   Hess, D. (1969) *Z. Pflanzenphysiol.* **61**, 286–298.

[5]   Komp, M.; Hess, D. (1977) *Z. Pflanzenphysiol.* **81**, 248–259.

[6]   Gradmann-Rebel, W.; Hemleben, V. (1976) *Z. Naturforschung* **31c**, 558–564.

[7]   Yamamoto, M.; Kuroiwa, T.; Nishibayashi, S. (1984) *Plant Cell Physiol.* **25**, 665–670.

[8]   Deom, C. M.; Lapidot, M.; Beachy, R. N. (1992) *Cell* **69**, 221–224.

[9]   Gronenborn, B.; Matzeit, V. (1989) *Cell Culture and Somatic Cell Genetics of Plants* **6**, 69–100.

[10]   Senaratna, T.; McKersie, B. D.; Kasha, K. J.; Procunier, J. D. (1991) *Plant Science* **79**, 223–228.

[11]   Christou, P.; Swain, W. F.; Yang, N.-S.; McCabe, D. E. (1989) *Proc. Natl. Aacd. Sci. USA* **86**, 7500–7504.

[12]   Christou, P. (1990) *Ann. of Botany* **66**, 379–386.

[13] Gould, J.; Banister, S.; Hasegawa, O.; Fahima, M.; Smith, R. H.
      (1991) *Plant Cell Rep.* **10**, 12–16.

[14] McCabe, D. E.; Martinell, B. J. (1993) *Bio/Technology* **11**, 596–598.

[15] Schnall, J. A.; Weissinger, A. K. (1993) *Plant Cell Rep.* **12**, 316–
      319.

[16] Brar, G. S.; Cohen, B. A.; Vick, C. L.; Johnson, G. W. (1994) *The
      Plant J.* **5**, 745–753.

[17] Bilang, R.; Zhang, S.; Leduc, N.; Iglesias, V. A.; Gisel, A.; Sim-
      monds, J.; Potrykus, I.; Sautter, C. (1993) *The Plant J.* **4**, 735–744.

[18] Gambley, R.; Ford, R.; Smith, G. R. (1993) *Plant Cell Rep.* **12**,
      343–346.

4.2   Samen

Die ersten Experimente zur Transformation von Samen wurden schon Ende der sechziger Jahre durchgeführt [1–4]. Damals wie heute sind die erzielten Ergebnisse umstritten. Eine unverletzte Samenschale schützt den Embryo vor dem Eindringen von DNA. Dieser hat selber noch eine wasserabweisende Oberfläche, so daß eine DNA-Aufnahme während der Samenquellung ohne besondere Vorbehandlung der Samen schwer vorstellbar ist. Außerdem ließen sich später die Ergebnisse mit klonierten Genen nicht bestätigen [5–7].

Samen haben in der Regel einen sehr niedrigen Wassergehalt. Im Abschnitt 4.1 wurde schon auf die besondere Bedeutung des Wassers für die Semipermeabilität der Pflanzenzelle hingewiesen. Es wurde in der Anfangsphase der Samenquellung beobachtet, daß isolierte oder freigelegte Embryonen Zucker und Aminosäuren abgeben. Das hört nach wenigen Minuten der Quellung auf, wenn der Wassergehalt des Embryos einen bestimmten Schwellenwert überschritten hat. Alles deutet also auf eine mangelhafte Kontrolle des Plasmalemmas zu Beginn der Samenquellung hin, wodurch sich die Möglichkeit ergibt, DNA in den Embryo einzuschleusen. Voraussetzung dafür ist, daß der Restwassergehalt des Samens unter einem gewissen Schwellenwert liegt (zum Beispiel zehn Prozent) und daß die Samenschale ganz oder nur in der Nähe des Embryos entfernt wurde.

In der zweiten Hälfte der achtziger Jahre konnte auf diese Weise mit klonierten Genen experimentell gezeigt werden, daß trockene Samen tatsächlich DNA aufnehmen und transient exprimieren können [8–9]. Will man nun prüfen, ob auf diesem Wege wirklich transgene Pflanzen entstehen können, muß man alle behandelten Samen ankeimen und die Pflanzen abreifen lassen (F_0-Generation). Eine Selektion mit Toxinen ist an diesen Pflanzen nicht möglich, weil ja die überwiegende Mehrzahl der Pflanzenzellen nicht transformiert ist und absterben würde. Erst Pflanzen der nächsten Generation (F_1) kann man demzufolge auf Transformanten durchsehen, weil sie aus einer einzigen, hoffentlich transformierten Zelle (Zygote) entstanden sind.

Da die Durchführung dieser Technik sehr einfach ist (Abb. 4.1), muß man je nach Objekt mit mehreren hunderttausend F_1-Samen rechnen und

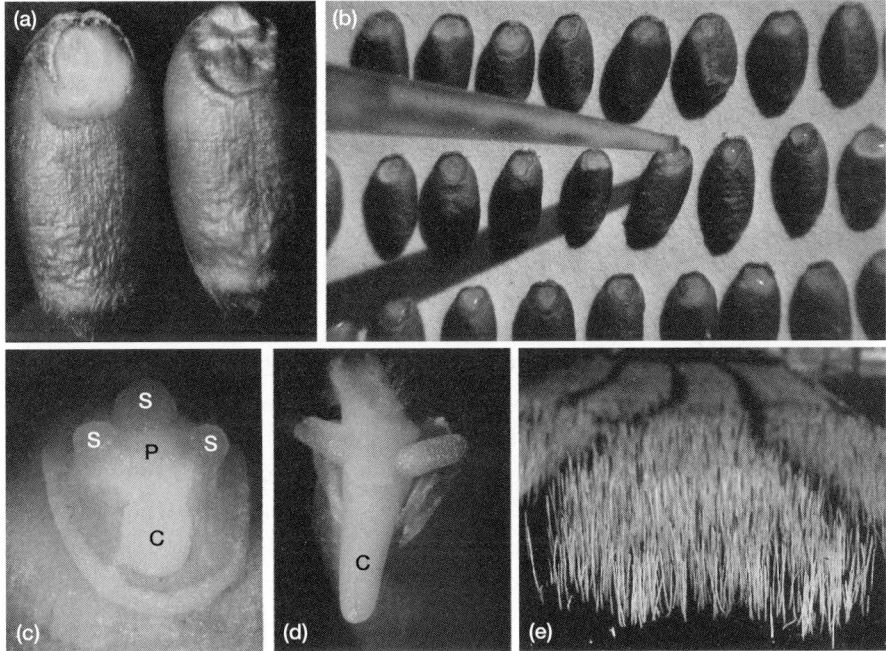

4.1 DNA-Aufnahme durch quellende Samen. (a) Bei Weizenkörnern wurde die Samenschale in der Nähe des Embryos und zusätzlich noch ein Teil des Embryos mit Sandpapier „mechanisch" entfernt. (b) Mit einer Pipette wird DNA in Pufferlösung auf die Wundfläche getropft. (c) Mit der Wasseraufnahme setzt die Samenquellung ein. Coleoptile (C) und Sekundärwurzeln (S) werden nach einem Tag sichtbar. Die Primärwurzel (P) ist bereits verkümmert. (d) Nach zwei Tagen erkennt man den jungen Keimling. (e) Bei dieser Transformationsmethode kann man erst in der F_1-Generation mit der Selektion auf Transformationsereignisse beginnen. Demzufolge muß man mit vielen tausend Pflanzen in einem Gewächshaus arbeiten, das den aktuellen Sicherheitsrichtlinien enstpricht.

für die Anzucht der Pflanzen entsprechenden Platz in einem „Sicherheits-gewächshaus" bereitstellen. Für die Schmalwand (*Arabidopsis thaliana*) beträgt der Platzbedarf vielleicht einige dutzend Quadratmeter. Mit jungen Getreidepflanzen füllt man aber schnell ein ganzes Gewächshaus. Bei entsprechenden Experimenten mit Weizen im Max-Planck-Institut für Züchtungsforschung überstanden einige F_1-Pflanzen die Selektion mit Kanamycin und besaßen auch noch Kopien des zum Transformieren benutzten Gens. Nach genauer Analyse der potentiellen „Transformanten" stellte sich aber heraus, daß diese Kopien nicht in die Pflanzen-DNA eingebaut waren. In älteren Pflanzen war dann keine fremde DNA mehr nachzuweisen. Gemäß der in der Einleitung formulierten Definition haben wir es hier also nicht mit transgenen Pflanzen zu tun. Wir müssen vielmehr annehmen, daß während der Samenquellung die angebotene DNA aufgenommen und bis in die F_1-Generation extrachromosomal weitergeleitet wurde. Dieses Phänomen ist auch bei einigen anderen Transformationsmethoden beobachtet worden, die mit unsterilem Gewebe auskommen. Eine schlüssige Erklärung für die Stabilisierung der DNA gibt es bis heute noch nicht [10, 11]. Kürzlich wurde auch beim Reis DNA-Aufnahme in die F_0-Generation beobachtet. Allerdings stehen Untersuchungen der F_1-Generation noch aus [12].

Die Problematik des beschriebenen Experiments besteht darin, daß die angebotene DNA in den ersten Minuten der Samenquellung nur von den Wundrandzellen des Embryos aufgenommen wird. Will man ganz ohne Gewebekultur auskommen, muß die DNA selbst mehrere Zellschichten bis zu den Meristemen durchwandern, weil nur dort etwa zehn Zellen sind, die auf ganz natürliche Art und Weise zu Pflanzen werden können. Zwar stehen alle Pflanzenzellen untereinander über Plasmodesmen in Verbindung, aber DNA wandert ohne fremde Hilfe nicht von Zelle zu Zelle. Samentransformationen könnten außerordentlich erfolgreich mit einem DNA-Protein-Komplex werden, der sich selbständig von Zelle zu Zelle bewegt, in die Zellkerne der Meristemzellen eindringt und sie transformiert. Untersuchungen an viralen Transportproteinen und am T-Komplex von *Agrobacterium tumefaciens* (Abschnitt 5.4) könnten dieser Transformationsmethode neue Impulse geben.

Literatur

[1]   Ledoux, L.; Huart, R. (1969) *J. Mol. Biol.* **43**, 243–262.

[2]   Heß, D. (1969) *Z. Pflanzenphysiol.* **63**, 461–467.

[3]   Ledoux, L.; Huart, R.; Jacobs, M. (1974) *Nature* **249**, 17–21.

[4]   Tichy, P.; Ondrej, M.; Schwammenhöferova, K. (1979) *Biol. Plantarum (Praha)* **21**, 35–41.

[5]   Kleinhofs, A.; Behki, R. (1977) *Annu. Rev. Genet.* **11**, 79–101.

[6]   Kleinhofs, A.; Eden, F. C.; Chilton, M. D.; Bendich, A. J. (1975) *Proc. Natl. Acad. Sci. USA* **72**, 2748–2752.

[7]   Soyfer, V. N.; Titov, Y. B. (1981) *Mol. Gen. Genet.* **182**, 361–363.

[8]   Töpfer, R.; Gronenborn, B.; Schell, J.; Steinbiß, H.-H. (1989) *The Plant Cell* **1**, 133–139.

[9]   Töpfer, R.; Gronenborn, B.; Schaefer, S.; Schell, J.; Steinbiß, H.-H. (1990) *Physiol Plant.* **79**, 158–162.

[10] Rogers, S. W.; Rogers, J. C. (1992) *Plant Mol. Biol.* **18**, 945–961.

[11] Ahlquist, P.; Pacha, R. F. (1990) *Physiol. Plantarum* **79**, 163–167.

4.3   Pollen (Mikrosporen) und Pollenschläuche

Der Pollentransformation liegt der Gedanke zugrunde, eine einfache und schnelle Methode zur genetischen Veränderung von Kulturpflanzen zu entwickeln. Historisch gesehen begann alles damit, daß Pollen mit DNA unterschiedlicher Herkunft inkubiert und anschließend zur Bestäubung von Pflanzen verwendet wurde [1–5]. Es traten Resultate wie Veränderung der Blütenfarbe oder Korrektur von Stoffwechseldefekten auf, die von den Befürwortern als Zeichen erfolgreichen Gentransfers gewertet und von den Kritikern heftig angezweifelt wurden. Hohe DNAse-Aktivität in Pollen-Präparationen baut nämlich „nackte" DNA in wenigen Minuten ab. Auch Schutzmaßnahmen wie Zusatz von DNAse-Hemmstoffen oder Verpacken der DNA in Phagenköpfe [6–9] konnten dieser Methode nicht zum Durchbruch verhelfen. Es gab auch einen vergeblichen Versuch, Pollen mit *Agrobacterium tumefaciens* zu transformieren [10].

Die Zellwände von Pollenkörnern sind durch die Einlagerung eines hochpolymeren Stoffes (Sporopollenin) chemisch besonders widerstandsfähig und artspezifisch strukturiert. Dennoch sind sie porös und für relativ große Partikel durchlässig [11]. Ob allerdings Nucleinsäuren ohne zusätzliche technische Hilfen die Zellwände und das Plasmalemma (Abschnitt 2.1) passieren können, bleibt weiterhin umstritten. Deshalb erscheint es aussichtsreicher, mit unreifen Pollen zu arbeiten, bei denen die Zellwände noch nicht vollständig ausgebildet sind. Polyethylenglykol (Abschnitt 2.2), Elektroporation (Abschnitt 2.3) und Partikelbeschuß-Technik (Abschnitt 3.3) haben sich als Transformationsmethoden bewährt [12, 13]. Auch ist es heute bei vielen Pflanzen kein technisches Problem mehr, unreife Pollen in ausreichender Menge zu isolieren [14–16]. Jedoch müssen sie anschließend erst *in vitro* reifen, damit man mit ihnen eine Bestäubung durchführen kann [17], was wiederum bisher nur in Einzelfällen und unter Einbeziehung von Gewebekulturmaßnahmen möglich war. Ganz anders sieht es aus, wenn aus reifen und unreifen Pollen nach der Transformation direkt transgene Pflanzen regeneriert werden [12, 13, 16]. Hierzu gibt es eine Reihe erfolgreicher Experimente, die allerdings nur mit Hilfe der Gewebekultur durchführbar waren, was somaklonale Variation hervorruft (Abschnitt 1.7).

Bei der Transformation von keimenden Pollen kommt man ganz ohne Gewebekultur aus. Zwar scheiden sie beträchtliche Mengen an DNAsen aus, die man aber mit geeigneten Hemmstoffen und Pufferlösungen in den Griff bekommen kann [18]. Da die keimenden Pollenschläuche nur an der Spitze wachsen, ist hier die Zellwand besonders zart ausgebildet, und Stoffaufnahme durch Endocytose konnte schon nachgewiesen werden. Sogar DNA-gefüllte Liposomen (Abschnitt 2.7) lassen sich mit Pollenschläuchen verschmelzen [19, 20]. Wenn die DNA einmal im Pollenschlauch angekommen ist, hat sie die Chance, von den zellwandlosen Spermazellen [21] aufgenommen zu werden und diese zu transformieren. Ein erster Hinweis darauf, daß DNA erfolgreich übertragen wurde, war transiente Genexpression in keimenden Pollenschläuchen [22]. Matthews und Mitarbeiter stellten dann schließlich 1994 transgene Tabakpflanzen durch Elektroporation von Pollenschläuchen mit anschließender Bestäubung her [23]. Auch *Agrobacterium tumefaciens* scheint die Wachstumszone des Pollenschlauches zur Transformation der Spermakerne nutzen zu können, was aber weiterer Bestätigungen bedarf [24].

Literatur

[1]   Heß, D.; Lörz, H.; Weissert, E. M. (1974) *Z. Pflanzenphysiol.* **74**, 52–63.

[2]   Heß, D. (1980) *Z. Pflanzenphysiol.* **98**, 321–337.

[3]   Heß, D.; Dressler, K. (1985) *J. Plant Physiol.* **116**, 261–272.

[4]   De Wet, J. M. J.; Bergquist, R. R.; Harlan, J. R.; Brink, D. E.; Cohan, C. E.; Newell, C. A.; De Wet A. E. (1985) In: Chapman, G. P.; Mantell, S. H.; Daniels, R. W. (Hrsg.) *Experimental Manipulation of Ovule Tissues.* Longman, New York, London. 197–209.

[5]   Ohta, Y. (1986) *Proc. Natl. Acad. Sci. USA* **83**, 715–719.

[6]   Heß, D. (1987) *Int. Rev. Cytol.* **107**, 169–190.

[7]   Matousek, J.; Tupy, J. (1983) *Plant Science Lett.* **30**, 83–89.

[8]   Booy, G.; Krens, F. A.; Huizing, H. J. (1989) *J. Plant Physiol.* **135**, 319–324.

[9]   Van der Westhuizen, A. J.; Gliemeroth, A. K.; Wenzel, W.; Heß, D. (1987) *J. Plant Physiol.* **131**, 373–384.

[10] Jackson, J. F.; Verburg, B. M. I; Linskens, H. F. (1980) *Acta Bot. Neerl.* **29**, 277–283.

[11] Kerhoas, C.; Gay, G.; Dumas, C. (1987) *Planta* **171**, 1–10.

[12] Fennell, A.; Hauptmann, R. (1992) *Plant Cell Rep.* **11**, 567–570.

[13] Stöger, E.; Fink, C.; Pfosser, M.; Heberle-Bors, E. (1995) *Plant Cell Rep.* **14**, 273–278.

[14] Huang, B.; Keller, W. A. (1989) *J. Tissue Cult. Methods* **12**, 171–178.

[15] Creissen, G.; Smith, C.; Francis, R.; Reynolds, H.; Mullineaux, P. (1990) *Plant Cell Rep.* **8**, 680–683.

[16] Jähne, A.; Becker, D.; Brettschneider, R.; Lörz, H. (1994) *Theor. Appl. Genet.* **89**, 525–533.

[17] Alwen, A.; Eller, N.; Kastler, M.; Moreno, R. M. B.; Heberle-Bors, E. (1990) *Physiol. Plantarum* **79**, 194–196.

[18] Van Wert, S. L.; Saunders, J. A. (1992) *Plant Science* **84**, 11–16.

[19] Ahokas, H. (1987) *Hereditas* **106**, 129–138.

[20] Gad, A. E.; Zeewi, B.-Z.; Altman, A. (1988) *Plant Science* **55**, 69–75.

[21] Yu, H. S.; Hu, S. Y.; Zhu, C. (1989) *Protoplasma* **152**, 29–36.

[22] Matthews, B. F.; Abdul-Baki, A. A.; Saunders, J. A. (1990) *Sex. Plant Repr.* **3**, 147–151.

[23] Smith, C. R.; Saunders, J. A.; Van Wert, S.; Cheng, J.; Matthews, B. F. (1994) *Plant Science* **104**, 49–58.

[24] Süßmuth, J.; Dressler, K.; Heß, D. (1991) *Bot. Acta* **104**, 72–76.

4.4   *Pollen-tube-pathway*

Für den englischen Namen dieser Transformationsmethode gibt es bis heute keine passende deutsche Übersetzung. Vielleicht liegt das daran, daß niemand so recht weiß, wie sie eigentlich genau funktioniert. Der Ablauf des Verfahrens ist dennoch extrem einfach (Abb. 4.2): Wenige

Stunden nach der Bestäubung einer Blüte wird eine DNA-Lösung auf die Narbe oder auf den Stumpf des vorher durchgeschnittenen Griffels getropft. Man muß sich nun vorstellen, daß die DNA von dort in die Eizelle oder Zygote gelangt. Je nach Blütenbau gibt es geringfügige technische Veränderungen. Der tatsächliche DNA-Transportweg ist noch völlig unklar. Vorteilhaft an dieser Methode ist, daß sie vollständig ohne Gewebekultur und ohne großen technischen Aufwand auskommt.

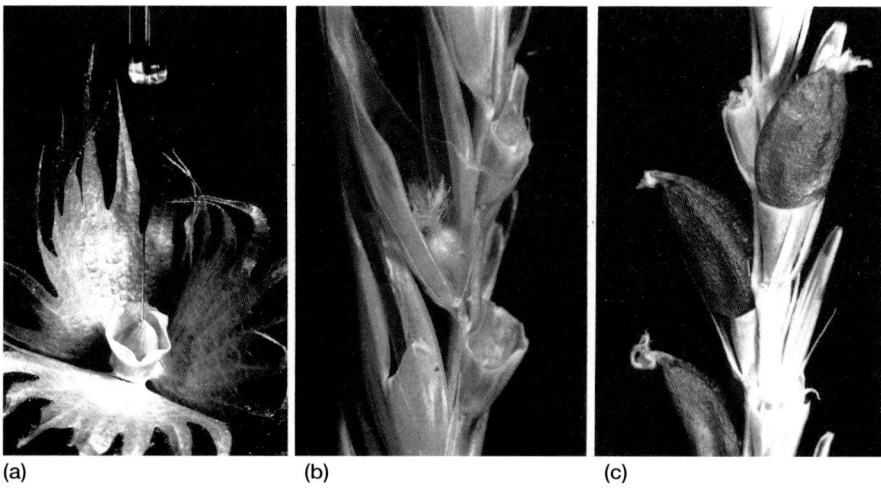

(a)   (b)   (c)

4.2 *Pollen-tube-pathway.* (a) Injektion einer DNA-Lösung in die Plazenta einer frisch befruchteten Baumwollblüte. Die Blütenblätter wurden entfernt. Jede Blüte kann bis zu 50 Samen bilden. (b) Blüten der Wintergerstensorte „Igri" werden durch Entfernen der Staubgefäße kastriert. Einige Tage später legt man in jede Blüte ein reifes Staubgefäß und leitet damit die Bestäubung ein. Zwei Stunden später wird mit einer Schere mehr als die Hälfte der Blüte und damit gleichzeitig die Narbe sowie ein Teil des Griffels abgeschnitten. Anschließend tropft man eine DNA-Lösung auf den Griffelstumpf. Mit einer Tüte wird die behandelte Ähre vor dem Austrocknen bewahrt. In der Bildmitte ist zum Vergleich eine kastrierte Blüte nicht beschnitten, sondern lediglich geöffnet worden. Man sieht deutlich die pinselförmige Narbe. (c) Ein reife Ähre der Wintergerstensorte „Igri", bei der Transformationen durchgeführt wurden (F_0-Generation). Jede Blüte erzeugt ein Samenkorn.

Die erste umfassende Veröffentlichung zum *Pollen-tube-pathway* stammt aus China von Zhou [1] und Mitarbeitern; sie beschreibt die Transformation von Baumwolle. Diese besonders für China wichtige Kulturpflanze hat ein für die Anwendung dieser Technik optimales Blühverhalten und einen günstigen Blütenbau: Die Befruchtung löst nämlich eine deutlich sichtbare Farbveränderung der Blütenblätter von gelb nach rot aus, und außerdem läßt sich die DNA-Lösung sehr leicht mit einer Mikrospritze (Hamilton) in die Plazenta spritzen, ohne daß die Samenentwicklung gestört wird. Da in den frühen achtziger Jahren noch nicht mit klonierten Genen gearbeitet wurde, nahmen Zhou und Mitarbeiter DNA von anderen Baumwollsorten und versuchten, den transgenen Charakter der erzielten Pflanzen durch morphologische oder physiologische Veränderungen zu untermauern, wenn diese in den nächsten Generationen stabil blieben.

Als aber die ersten Expressionsvektoren praktisch nutzbar waren, wurden mit ihnen derartige Experimente im Max-Planck-Institut für Züchtungsforschung in Köln wiederholt. Tatsächlich konnte in einigen Jungpflanzen (F_0-Generation) die fremde DNA, aber kein Genprodukt nachgewiesen werden. In der nächsten Generation (F_1-Generation) verschwand die fremde DNA fast vollständig [2]. Bis heute hat leider keine Gruppe einen zweifelsfreien molekularbiologischen und genetischen Nachweis der stabilen Transformation durch den *Pollen-tube-pathway* erbringen können [3–5], was sehr schade ist, denn diese Methode ist für die Transformation von höheren Pflanzen im Prinzip ideal: keine Gewebekultur und keine teuren Geräte.

Der *Pollen-tube-pathway* wurde in der Volksrepublik China bei Baumwolle und Getreide sehr oft angewandt, und es gab auch schon Freilandexperimente mit derart „transformierten" Pflanzen. Erst vor kurzem wurden dort „erfolgreiche" Experimente mit klonierten Genen beim Weizen beschrieben, die allerdings bisher noch nicht über das Stadium der F_0-Generation hinausgekommen sind [6, 7]. In einem Fall glaubte man, das Hüllprotein des *Barley Yellow Dwarf Luteovirus* (BYDV) im Weizen exprimiert zu haben, was für die Resistenzzüchtung von großer Bedeutung wäre. Aber die molekularbiologischen Beweise werden keinen Kritiker überzeugen können. Vergleichbare Experimente in Israel und anderen Ländern haben bis heute nur Hoffnungen erweckt, aber keine einzige zweifelsfrei transformierte Pflanze hervorgebracht.

Bei der Beurteilung des *Pollen-tube-pathway* muß man berücksichtigen, daß Blüten unsterileOrgane sind. Jeder Tropfen DNA-Lösung enthält Mikrogrammengen des klonierten Plasmids: ein ideales System zur Transformation von Endophyten (Abschnitt 3.1). Diesem Umstand wird von den ausführenden Arbeitsgruppen bei der Konstruktion der Expressionsvektoren und bei der molekularbiologischen Analyse der Transformanten viel zu wenig Rechnung getragen. So sollte zum Beispiel das Markergen grundsätzlich immer ein Intron enthalten, damit es von Bakterien nicht exprimiert werden kann (Abschnitt 1.2).

Die Anatomie des *Pollen-tube-pathway* scheint in der Vergangenheit nicht immer ganz verstanden worden zu sein. Es ist nämlich nicht richtig, daß Pollenschläuche fast 48 Stunden lang offene Rohrleitungen sind, durch die DNA in den Embryosack oder in die Eizelle strömen kann [8]. Vielmehr bilden sich in den Pollenschläuchen sehr schnell Kallosepfropfen, die das potentielle Kanalsystem effektiv verschließen. Außerdem entleert sich der Inhalt des Pollenschlauches bei vielen höheren Pflanzen zunächst in eine Synergide und nicht direkt in die Eizelle [9–11]. Denkbar wäre jedoch, daß die DNA im abgeschnittenen Pollenschlauch oder in der Synergide die Spermazellen transformiert. Sicher scheint aber zu sein, daß es beim *Pollen-tube-pathway* ganz entscheidend auf den richtigen Zeitpunkt der DNA-Applikation ankommt, damit zum Beispiel Spermazellen transformiert werden. Ob dann aber diese Methode noch so einfach durchzuführen ist, werden zukünftige Experimente zeigen müssen.

Literatur

[1]   Zhou, G.; Weng, J.; Zeng, Y.; Huang, J.; Quian, S.; Liu, G. (1983) *Methods in Enzymology* **101**, 433–481.

[2]   Weng, J. (1988) *Transformation von Baumwolle und Reis mit chimären Genen.* Diss. Universität zu Köln.

[3]   Luo, Z. X.; Wu, R. (1988) *Plant Mol. Biol. Rep.* **6**, 165–174.

[4]   Picard, E.; Jacquemin, J. M.; Granier, F.; Bobin, M.; Forgeois, P. (1988) In: *Proc. 7th International Wheat Genetics Symposium.* Cambridge, England. 779–781.

[5]   Zilberstein, A.; Schuster, S.; Flaishman, M.; Pnini-Cohen, S.; Koncz, C.; Maas, C.; Schell, J.; Eyal, Z. (1994) In: *4th International Congress of Plant Molecular Biology*, abstract 2013, Amsterdam.

[6]   Cheng, Z.-M.; He, X.-Y.; Chen, C.-C.; Zhang, J.; Xiao, H.; Zhou, G.-H. (1994) *Progress in Natural Science* **4**, 235–240.

[7]   Zeng, J.-Z.; Wang, D.-J.; Wu, Y.-Q.; Zhang, J.; Zhou, W.-J.; Zhu, X.-Q.; Zhang, J.; Zhou, W.-J.; Zhu, Y.; Xu, N.-Z. (1994) *Science in China (Series B)* **37**, 319–326.

[8]   O´Driscoll, D.; Hann, C.; Read, S. M.; Steer, M. W. (1993) *Protoplasma* **175**, 126–130.

[10] Wilms, H. J. (1981) *Acta Bot. Neerl.* **19**, 468–480.

[11] Russel, S. D. (1992) *Int. Rev. Cytol.* **140**, 357–388.

[12] Huang, B. Q.; Russel, S. D. (1994) *Planta* **194**, 200–214.

4.5   Eizellen, Zygoten, Proembryonen

Ein erklärtes Ziel der konventionellen Pflanzenzüchtung ist es, Art- und Gattungsbastarde zur Vergrößerung der genetischen Vielfalt herzustellen. Dazu muß oftmals die Befruchtung *in vitro* durchgeführt werden. Manchmal kann man dabei den Fruchtknoten intakt lassen. In anderen Fällen muß er mechanisch geöffnet werden, oder man muß sogar dieSamenanlagen freilegen, damit man bestäuben kann; Narbe und Griffel sind nämlich unter Umständen wirkungsvolle Barrieren, die derartige Kreuzungen in der Natur verhindern [1, 2]. Man spricht dann von Selbst- oder Kreuzungsunverträglichkeit (Inkompatibilität). Oftmals neigt der junge Embryo (Proembryo) auch dazu, sehr früh abzusterben. Man muß ihn deshalb vorher isolieren und durch eine *in vitro*-Embryokultur retten [3–5]. Ein ganz extremer Fall ist die *in vitro*-Fusion von Ei- und Spermazelle mit anschließender Gewebekultur [6, 7]. Diese ganzen Prozeduren sind mit mühsamer Präparationsarbeit verbunden. Manchmal waren die Mühen auch umsonst, weil sich nämlich später herausstellte, daß die Hybride steril war.

In den achtziger Jahren wurde sehr intensiv versucht, das Absterben von Hybridembryonen durch Röntgenbestrahlung der Pollen zu verhindern, was auch in einigen Fällen gelang [8, 9]. Man nahm an, daß durch diese Behandlung ein großer Teil der Pollen-DNA zerstört wird, was sehr an asymetrische Hybridisierung von Protoplasten erinnert (Abschnitt 2.5). Die Autoren sprechen deshalb auch von Eitransformation (*egg-transformation*) und nicht mehr von Befruchtung. Im Extremfall dient der Pollen nur noch dazu, die Bildung eines asexuellen Embryos (Parthenogenese, Apomixis) einzuleiten. Der Knoblauch ist dafür ein natürliches Beispiel [10].

Für Aufregung sorgten 1987 Experimente von Alicia de la Pena und Mitarbeitern [11], die Plasmid-DNA mit einem Resistenzgen gegen das Antibiotikum Kanamycin unterhalb einer unreifen Ähre in den Halm von 100 Roggenpflanzen mit einer Spritze injizierten. Da Roggen ein Fremdbefruchter ist, wurden derart behandelte Pflanzen miteinander gekreuzt. Von 3 000 Samen blieben sieben Jungpflanzen nach einer Behandlung mit Kanamycin grün. Davon exprimierten zwei nachweislich das Enzym Neomycin-Phosphotransferase. Ihr „transgener" Charakter wurde mit einer Southern Blot-Analyse bestätigt. Eine Zeitlang keimte die Hoffnung, eine genial einfache Methode zur Transformation von Getreide gefunden zu haben. Da aber weder die Autoren selbst noch andere Gruppen dies reproduzieren konnten, kamen sehr bald Zweifel auf, zumal auch über die weitere Vererbung des Resistenzgens keine Angaben gemacht wurden und es sehr schwer zu glauben ist, daß „nackte" DNA ohne DNAse-Abbau im Roggenhalm bis zu den Keimzellen diffundieren kann. Es wäre aber auch denkbar, daß in diesem Fall die fremde DNA zum Beispiel durch Methylierung extrachromosomal bis in die nächste Generation stabilisiert wurde [12]. Man muß aber auch hier darauf hinweisen, daß sich die Ergebnisse von de la Pena [11] auch mit experimentell bedingter Transformation von Endophyten erklären lassen (Abschnitt 3.1).

Man hat oft versucht, DNA-Lösungen in junge Getreidekörner innerhalb der sich entwickelnden Ähre [13] und in Samenanlagen [14] zu injizieren oder DNA mit der Partikelbeschuß-Technik (Abschnitt 3.3) in unreife Weizenähren [15] oder unreife männliche Maisblüten [16] zu schießen; transgene Pflanzen entstanden dabei bisher jedoch nicht. Auch hier stand der Gedanke im Vordergrund, eine einfache Methode zu entwickeln, die ohne Gewebekultur auskommt und möglichst bei vielen Kulturpflanzen, vor allen Dingen bei Getreide, anwendbar ist.

Literatur

[1]   Matton, D. P.; Nass, N.; Clarke, A. E.; Newbigin, E. (1994) *Proc. Natl. Acad. Sci. USA* **91**, 1992–1997.

[2]   Cheung, A. Y. (1995) *Proc. Natl. Acad. Sci. USA* **92**, 3077–3080.

[3]   Kanta, K.; Ranga Swamy, N.; Masheswari, P. (1962) *Nature* **194**, 1214–1217.

[4]   Tilton, V.; Russell, S. (1984) *BioScience* **34**, 239–242.

[5]   Stewart, J. McD.; Hsu, C. L. (1978) *J. Heredity* **69**, 404–408.

[6]   Kranz, E.; Bautor, J.; Lörz, H. (1991) *Sex Plant Repr.* **4**, 17–21.

[7]   Faure, J.-E.; Mogensen, H. L.; Dumas, C.; Lörz, H.; Kranz, E. (1993) *The Plant Cell* **5**, 747–755.

[8]   Shintaku, Y.; Yamamoto, K.; Nakajima, T. (1988) *Theor. Appl. Genet.* **76**, 293–298.

[9]   Reed, S. M.; Wernsman, E. A.; Burns, J. A.; Kramer, M. G. (1988) *Plant Science* **56**, 155–160.

[10]   Pooler, M. R.; Simon, P. W. (1994) *Sex. Plant Reprod.* **7**, 282–286.

[11]   de la Pena, A.; Lörz, H.; Schell, J. (1987) *Nature* **325**, 274–276.

[12]   Rogers, S. W.; Rogers, J. C. (1992) *Plant Mol. Biol.* **18**, 945–961.

[13]   Soyfer, V. N. (1980) *Theor. Appl. Genet.* **58**, 225–235.

[14]   Ding, Q.-X.; Xie, Y.-J.; Dai, J.-R.; Mi, J.-J.; Li, T.-Y.; Tian, Y.-C.; Qiao, L.-Y.; Mang, K.-Q.; Liu, B.-L.; Wang, Y.; Feng, P.-Z. (1994) *Science in China (Series B)* **37**, 563–572.

[15]   Leduc, N.; Iglesias, V. A.; Bilang, R.; Gisel, A.; Potrykus, I.; Sautter, C. (1994) *Sex. Plant Repr.* **7**, 135–143.
[16]   Dupuis, I.; Pace, G. M. (1993) *Plant Cell Rep.* **12**, 607–611.

5.
Agrobacterium tumefaciens

5.1 Wirtsbereich

Im Jahr 1907 beschrieben Smith und Townsend erstmals eine Pflanzen-
krankheit, die bevorzugt an Wurzelhälsen verschiedener Pflanzen in
Form unterschiedlich großer Wucherungen auftritt. Als Verursacher ver-
muteten sie das weltweit verbreitete, gramnegative Bodenbakterium
Agrobacterium tumefaciens [1]. Phylogenetisch betrachtet, läßt es sich in
die Gruppe der Alpha-Purpurbakterien einordnen, zu denen unter anderen
auch *Azospirillum*, *Nitrobacter* und *Rhizobium* gezählt werden [2]. Die
Gattung *Agrobacterium* umfaßt die Arten *radiobacter*, *tumefaciens*, *rhizogenes*, *rubi* und *vitis* [3]. Allerdings beruht diese Einteilung nur auf Unter-
schieden im Aufbau ihrer Plasmide. Das sind ringförmige DNA-Moleküle, von denen zum Beispiel *Agrobacterium tumefaciens* eine oder mehrere
Kopien besitzt.

Die Plasmid-DNA macht etwa vier Prozent der gesamten DNA des
Bakteriums aus [4] und enthält unter anderem die genetischen Informationen für die Tumorbildung (*Tumor inducing* = **Ti**-Plasmid). Ti-Plasmide
können unter bestimmten Umständen für immer verlorengehen, ohne daß
dadurch die Überlebensfähigkeit des Bakteriums beeinflußt wird. Experimente belegen, daß Plasmide durch Konjugation zwischen *Agrobacterium*-Arten übertragbar sind. Deshalb wäre in Zukunft eine Abgrenzung
der Arten aufgrund chromosomaler Eigenschaften erstrebenswert. Mehrere Systeme sind bisher dafür vorgeschlagen worden [5]. Allerdings sind
viele Aspekte der Evolution von *Agrobacterium* auch heute noch unklar,
und es bedarf bis zu einer überzeugenden systematischen Gliederung der
Gattung *Agrobacterium* noch weiterer Untersuchungen [6].

Agrobacterium tumefaciens hat ein erstaunlich breites Wirtsspektrum.
Ungefähr 60 Prozent der Gymnospermen und dikotylen Angiospermen
wurden bis 1976 als potentielle Wirte eingestuft. Bei den Monokotyledo-

nen hielt man zunächst nur einige Vertreter der *Liliales* und *Arales* für anfällig [7–9]. Später kamen jedoch noch Mitglieder der *Dioscoreales* [10] und *Asparagales* [11] hinzu. Es gab in der Vergangenheit viele Versuche, Vertreter der *Poales* mit *Agrobacterium tumefaciens* zu transformieren, denn zu dieser Ordnung gehören alle wirtschaftlich bedeutenden Getreidearten. Die erzielten Resulate waren allerdings wenig überzeugend. Deshalb wurden die Getreide von namhaften Wissenschaftlern stets als nicht durch Wildtyp *Agrobacterium tumefaciens* transformierbar eingestuft. Beim Reis ist die Transformation jedoch inzwischen zweifelsfrei gelungen [12, 13]. Dazu wurden allerdings Bakterien mit gentechnisch veränderten Plasmiden verwendet. Der Wirtsbereich von *Agrobacterium tumefaciens* hängt nämlich ganz entscheidend vom Aufbau des Ti-Plasmids ab [14–16], insbesondere von der Zusammensetzung der *vir*-Region (Abschnitt 5.4), die sich mit molekularbiologischen Methoden gezielt verändern läßt. Viele Arbeitsgruppen in der Welt bemühen sich zur Zeit, auch für die wichtigen Kulturpflanzen Mais, Weizen, Gerste und Hirse (Tab. E.1) optimierte Ti-Plasmide herzustellen. *Agrobacterium tumefaciens* wäre dann tatsächlich eine universell einsetzbare Genfähre zur Transformation von Kulturpflanzen [17].

Literatur

[1]   Smith, E. F.; Townsend, C. O. (1907) *Science* **25**, 671–673.

[2]   Schlegel, H. G. (Hrsg.) (1992) *Allgemeine Mikrobiologie*. Georg Thieme Verlag, Stuttgart, New York.

[3]   Ophel, K.; Kerr, A. (1990) *J. Syst. Bacteriol.* **40**, 236–241.

[4]   Zaenen, L.; Van Larebeke, N.; Teuchy, H.; Van Montagu, M.; Schell, J. (1974) *J. Mol. Biol.* **86**, 109–127.

[5]   Kerr, A.; Panagopoulos, C. G. (1977) *Phytopathol. Z.* **90**, 172–179.

[6]   Otten, L.; Canaday, J.; Gérard, J.-C.; Fournier, P.; Crouzet, P.; Paulus, F. (1992) *Molec. Plant-Microbe Interactions* **5**, 279–287.

[7]   De Cleene, M.; De Ley, J. (1976) *Bot. Rev.* **42**, 389–466.

[8]   De Cleene, M. (1985) *Phytopathol. Z.* **113**, 81–89.

[9]   Conner, A. J.; Dommisse, E. M. (1992) *Int. J. Plant Sci.* **153**, 550–555.

[10]   Schäfer, W.; Görz, A.; Kahl, G. (1987) *Nature* **327**, 529–532.

[11]   Bytebier, B.; Deboeck, F.; De Greve, H.; Van Montagu, M.; Hernalsteens, J.-P. (1987) *Proc. Natl. Acad. Sci. USA* **84**, 5345–5349.

[12]   Chan, M.-T.; Chang, H.-H.; Ho, S.-L.; Tong, W.-F.; Yu, S.-M. (1993) *Plant Mol.. Biol.* **22**, 491–506.

[13] Hiei, Y.; Ohta, S.; Komari, T.; Kumashiro, T. (1994) *The Plant J.* **6**, 271–282.

[14] Yanofsky, M.; Lowe, B.; Montoya, A.; Rubin, R.; Krul, W.; Gordon, M. P.; Nester, E. W. (1985) *Mol. Gen. Genet.* **201**, 237–246.

[15] Paulus, F.; Huss, B.; Tinland, B.; Herrmann, A.; Canaday, J.; Otten, L. (1991) *Molec. Plant-Microbe Interactions* **4**, 163–172.

[16] Stachel, S. E.; Nester, E. W. (1986) *EMBO J.* **5**, 1445–1454.

[17] Smith, R. H.; Hood, E. E. (1995) *Crop Science* **35**, 301–309.

5.2   Tumorbildung bei Pflanzen

Anders als in der Humanmedizin galten Tumoren bei Pflanzen lange Zeit als eine Art Kuriosum. Schon Aristoteles soll einen Wurzelhalsgallen-Tumor (*crown gall tumor*) beschrieben haben. Bis Mitte dieses Jahrhunderts nannte man alle unnormal wachsenden Geschwulste bei Pflanzen Tumoren oder Krebs. Genaue Untersuchungen ergaben aber, daß es Tumoren gibt, bei denen die Geschwulstbildung von Mikroorganismen oder Tieren ausgelöst wird; tumorartiges Zellwachstum kommt nur so lange vor, bis diese Parasiten wieder verschwinden. In der Regel beeinträchtigen solche Tumoren mit begrenztem Wachstum die Entwicklung der Pflanze nicht nennenswert. Beiderbeck [1] schlägt vor, diese Art von Geschwulsten als Gallen zu bezeichnen. Beim Wurzelhalsgallen-Tumor ist zwar *Agrobacterium tumefaciens* der Auslöser, aber für das nun unbegrenzt wachsende Tumorgewebe ist seine weitere Anwesenheit nicht mehr erforderlich [2]. Strenggenommen ist deshalb in in diesem Fall die Bezeichnung Wurzelhals-Galle (*crown gall*) unzutreffend.

Eine Pflanze kann in ihrer Entwicklung nacheinander zwei Stadien durchlaufen: erstens das primäre Wachstum, das in erster Linie auf die Aktivität der Apikalmeristeme an den Sproß- und Wurzelspitzen zurückgeht und typisch für krautige Pflanzen ist, und zweitens das sekundäre Dickenwachstum, welches auf der Tätigkeit des Kambiums (eines Meristemzylinders zwischen Holz und Bast) sowie des Korkkambiums an der Peripherie basiert und bei der verholzten Pflanze für die Umfangserweiterung von Sproßachse und Wurzel zuständig ist. In beiden Wachstumsphasen kann es durch unterschiedliche Ursachen zur Bildung von Tumoren kommen. Optisch besonders wirksam sind Tumoren, die im Stadium des sekundären Dickenwachstums entstehen, weil sie auf massive lokale

Überproduktion von Holz- und/oder Bastgewebe zurückgehen. Beispiele für diesen Typ sind der vom Ascomycetenpilz *Nectria galligena* hervorgerufene Obstbaumkrebs und der von *Pseudomonas savastoni var. fraxini* verursachte Eschenkrebs. Diese Tumoren entstehen durch das Eindringen von Mikroorganismen in gesundes Rindengewebe, was zum Absterben von Rindenzellen führt. Der Baum versucht nun vom gesunden Nachbargewebe aus, mit Hilfe von Überwallungswülsten die Lücke zu schließen. Hierbei kommt es zu den typischen Wucherungen und Verdickungen. Die Spezifität dieser Reaktionen hängt ausschließlich von der jeweiligen Pflanze ab, denn völlig unterschiedliche Mikroorganismen rufen ähnliche Erscheinungen hervor [2]. Sogar Frost, Hitze, Wind oder Blitzschlag induzieren die Bildung von Tumoren.

Tumoren, die in der primären Wachstumsphase entstehen, weisen im Gegensatz zu Tumoren im Stadium des sekundären Dickenwachstums eine kallusähnliche Struktur auf (Abb. 5.1). Dabei handelt es sich um wenig organisiertes Gewebe von geringem Differenzierungsgrad. Beispiele dafür sind Kartoffelkrebs (Erreger: *Synchytrium endobioticum*), Kohlhernie (Erreger: *Plasmodiophora brassicae*), genetische Tumoren bei interspezifischen Hybriden (zum Beispiel *Nicotiana glauca* x *Nicotiana langsdorffii*) und nicht zuletzt der Wurzelhalsgallen-Tumor. Durch ungeregelte Zellteilungsvorgänge entstehen Geschwulste mit gelegentlich

5.1   Tumorbildung auf einem Blatt von *Kalanchoe daigremontiana* und erste Anzeichen von Teratombildung (T).

eingestreuten Wasserleitungsgefäßen (Tracheiden), bei denen die Koordination mit dem übrigen Gewebe unterbleibt.

Seit den klassischen Experimenten von Skoog und Miller [3] im Jahr 1953 ist bekannt, daß Pflanzenexplantate zum weiteren Wachstum auf die Zufuhr von Hormonen angewiesen sind und daß der Wachstumsmodus beziehungsweise die Zellteilungsaktivität von der Auxin- und Cytokininkonzentration abhängt. Es überrascht also nicht, daß bei der Mehrzahl der in der Natur vorkommenden Kallustumoren ein veränderter Hormonspiegel gefunden wurde. Kallustumoren lassen sich sogar künstlich in gesundem Gewebe durch Auftragen einer speziellen hormonhaltigen Paste herstellen.

Von *Agrobacterium tumefaciens* hervorgerufene Tumoren unterscheiden sich von Gallen und allen bisher erwähnten Tumoren dadurch, daß *Agrobacterium* lediglich für die Tumorinduktion, nicht aber für die Aufrechterhaltung des unbegrenzten Tumorwachstums notwendig ist. Durch kontrollierte Anzuchtbedingungen gelang es A. C. Braun 1943, bakterienfreies Tumorgewebe zu kultivieren, welches seine Tumoreigenschaften – rasches und unkontrolliertes Wachstum auf hormonfreiem Kulturmedium – beibehielt [2]. Damit war der Beweis erbracht, daß *Agrobacterium* Pflanzenzellen genetisch verändert und dadurch autonomes Wachstum erzeugt. Wie das im einzelnen abläuft, wurde erst viele Jahre später entdeckt. Aber einen ersten Hinweis auf die Beteiligung bakterieller DNA gab es schon in den sechziger Jahren, als man herausfand, daß Wurzelhalsgallen-Tumoren eine Klasse von neuen chemischen Verbindungen (die Opine) synthetisieren, die in Normalzellen derselben Pflanze nicht vorkommen [4]. Es handelt sich dabei um Verbindungen aus Aminosäuren und verschiedenen Ketosäuren beziehungsweise Zuckern. Welcher Opintyp jeweils produziert wird, hängt ausschließlich vom *Agrobacterium*-Stamm und nicht von der Pflanze ab. Mitte der siebziger Jahre gelang dann der endgültige Beweis, daß *Agrobacterium* einen Teil seiner eigenen DNA in das Pflanzengenom überträgt und dadurch die betroffene Zelle zu hormonunabhängigem Wachstum befähigt [5]. Es zählt zu den größten Leistungen der pflanzlichen Molekularbiologie, die Einzelheiten dieser Genübertragung nahezu vollständig aufgeklärt und gleichzeitig der Züchtungsforschung eine Nutzanwendung in die Hand gegeben zu haben. Dieses Buch kann nur einzelne Stationen auf diesem Wege in kurzer Form nachzeichnen; deshalb sei hier auf einige zusammenfassende Darstellungen [6–10] verwiesen.

Literatur

[1]   Beiderbeck, R. (1977) *Pflanzentumoren*. Verlag Eugen Ulmer, Stuttgart.

[2]   Braun, A. C.; White, P. R. (1943) *Phytopathol.* **33**, 85–100.

[3]   Lintilhac, P. M.; Vesecky, T. B. (1984) *Nature* **307**, 363–364.

[4]   Skoog, F.; Miller, C. O. (1957) *Soc. Exp. Biol.* **11**, 118–131.

[5]   Petit, A.; Delhayé, S.; Tempé, J.; Morel, G. (1970) *Physiol. Vég.* **8**, 205–213.

[6]   Nester, E. W.; Gordon, M. P.; Amasino, R. M.; Yanofsky, M. F. (1984) *Annu. Rev. Plant Physiol* **35**, 387–413.

[7]   Schell, J. (1987) *Science* **237**, 1176–1183.

[8]   Zambryski, P. (1988) *Ann. Rev. Genet.* **22**, 1–30.

[9]   Zambryski, P.; Tempe, J.; Schell, J. (1989) *Cell* **56**, 193–201.

[10] Hooykaas, P. J. J.; Schilperoort, R. A. (1992) *Plant Mol. Biol.* **19**, 15–38.

5.3   Wundreaktion und *attachment*

Höhere Pflanzen schützen sich vor Wasserverlust und Infektionen durch Ablagerung von Fetten und Wachsen (Cutinisierung) auf ihren Oberflächen. Normalerweise kann *Agrobacterium tumefaciens* diese Barriere nicht überwinden. Bei Verwundungen wird jedoch der Gewebeverband gewaltsam zerstört, und spezifische Bindungen zwischen Bakterien und Wänden wundnaher Zellen sind möglich. Dabei treten Lipopolysaccharide der Bakterienzellwand in Wechselwirkung mit Polygalacturonaten der pflanzlichen Mittellamelle, und ein inniger Kontakt zwischen Bakterium und Pflanzenzelle entsteht (*attachment*). Es handelt sich um spezifische Bindestellen, die nur von *Agrobacterium tumefaciens* und nicht von *E. coli* oder anderen Bakterien erkannt werden [1–3].

Früher nahm man an, daß die hochgradig methylierten Pektine der Zellwände von Getreide ein *attachment* von *Agrobacterium* nicht zulassen und daß diese Pflanzen deshalb nicht transformiert werden können. Diese Annahme läßt sich heute nicht mehr aufrecht erhalten, denn Reis wurde inzwischen transformiert. Auch Agroinfektion (Abschnitt 6.4) ist bei Getreide ohne *attachment* kaum vorstellbar. Insbesondere meristematisches Gewebe scheint spezifische Bindungen mit *Agrobacterium* eingehen zu können [4–5]. *Attachment* ist ohne Zweifel ein wichtiger Bestandteil des in der Natur vorkommenden Transformationsprozesses; für die Transformation selbst ist es jedoch nicht unbedingt erforderlich. Man kann nämlich transgene Pflanzenzellen durch Fusion von „zellwandlosen" Protoplasten mit Sphäroplasten von *Agrobakterium tumefaciens* erzeugen [6–8]. Auch Agrobakterien, die mit einer Glaskapillare in eine Pflanzenzelle gespritzt wurden, können ihre T-DNA (Abschnitt 5.5) erfolgreich in den Zellkern schleusen [9].

Pflanzen reagieren auf Verletzungen zum Zwecke des Wundverschlusses mit einer schnellen Aktivierung der wundnahen Zellen. Das geschieht je nach Pflanzentyp auf ganz unterschiedliche Art und Weise: Einige Pflanzen schließen ihre Wunden durch Ausscheiden von Latex, Harzen und Wundgummi, oder sie benutzen die Reste der durch die Verletzung abgestorbenen Zellen als Barriere gegen eindringende Krankheitserreger. Abwehr von Mikroorganismen kann auch durch chemische Veränderung wundnaher Zellwände erreicht werden, zum Beispiel durch Kieselsäureeinlagerung, Phenolimprägnierung, Verholzung und Verkorkung. Oftmals entsteht aus den Wundrandzellen ein Wundkallus, oder sie bilden ein kompliziertes Abschlußgewebe unter der Wundoberfläche, das sogenannte Wundperiderm. Unabhängig von der Art der Wundheilung verwandelt sich die aktivierte Wundrandzelle nach dem Abklingen des Wundreizes wieder in eine ruhende Zelle. Der Wundheilungsprozeß ist damit beendet.

Ausdifferenzierte Wundrandzellen benötigen von Art zu Art unterschiedlich lange, um kompetent zu werden (Konditionierungsphase), da bestimmte Stoffwechselreaktionen für die Aufhebung der Zellteilungsblockade, die Synthese der DNA und die Einleitung von Mitosen in einer

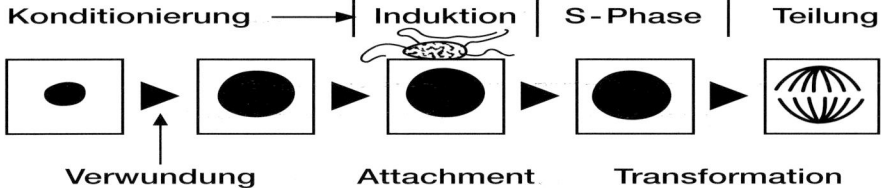

5.2 Der Weg zur Tumorbildung (schematisch). Verletztes Pflanzengewebe erfüllt drei Voraussetzungen zur Tumorbildung: Wundrandzellen werden wieder teilungsaktiv, ausgeschiedene Stoffwechselprodukte aktivieren *Agrobacterium tumefaciens*, und es entstehen Bindestellen für Agrobakterien. Im Hinblick auf die Transformation von Getreide scheint die Teilungsbereitschaft der Pflanzelle von entscheidender Bedeutung zu sein. Wahrscheinlich findet die Integration der T-DNA ins Pflanzengenom während der S-Phase statt, wenn sich die Pflanzen-DNA durch Verdoppelung auf die bevorstehende Zellteilung vorbereitet.

festgelegten zeitlichen Reihenfolge ablaufen (Abb. 5.2). *Agrobacterium tumefaciens* ist in der Lage, das auf vorübergehende Zellteilungsaktivität ausgerichtete Genaktivierungsmuster der Wundrandzellen durch Übertragung von Genen in Richtung auf permanente Zellteilungsaktivität umzuschalten. Heilungsprozesse sind also notwendig, um Wundrandzellen für die Transformation durch *Agrobacterium tumefaciens* empfindlich (kompetent) zu machen. Es kommt nämlich nur zur Tumorbildung, wenn die T-DNA kurz vor oder während der ersten Zellteilung in der Kern der Wundrandzelle gelangt. Danach verliert die Zelle ihre Kompetenz wieder. Gibt es keine kompetenten Zellen oder stagniert das Bakterienwachstum in der Wunde, entstehen keine Tumoren. Diese beiden Punkte gilt es besonders zu beachten, wenn *Agrobacterium* als Genfähre eingesetzt werden soll.

Literatur

[1]   Matthysse, A. G. (1983) *J. Bacteriol.* **154**, 906–915.
[2]   Matthysse, A. G. (1987) *J. Bacteriol.* **169**, 313–323.
[3]   Crews, J. L. R.; Colby, S.; Matthysse, A. G. (1990) *J. Bacteriol.* **172**, 6182–6188.
[4]   Schläppi, M.; Hohn, B. [1992] *The Plant Cell* **4**, 7–16.
[5]   Shen, W.-H.; Escudero, J.; Schläppi, M.; Ramos, C.; Hohn, B.; Koukolikova-Nicola, Z. (1993) *Proc. Natl. Acad. Sci.* **90**, 1488–1492.
[6]   Hazezawa, S.; Nagata, T.; Syono, K. (1981) *Mol. Gen. Genet.* **182**, 206–210.
[7]   Hain, R.; Steinbiß, H.-H.; Schell, J. (1984) *Plant Cell Rep.* **3**, 60–64.
[8]   Baba, A.; Hasezawa, S.; Syono, K. (1986) *Plant Cell Physiol.* **27**, 463–471.
[9]   Escudero, J.; Neuhaus, G.; Hohn, B. (1995) *Proc. Natl. Acad. Sci. USA* **92**, 230–234.

5.4   Das Ti-Plasmid

Die Gattung *Agrobacterium* besitzt ein in der Natur einzigartiges System, um Teile ihrer eigenen Erbanlagen in Pflanzenzellen zu übertragen und in deren Erbmasse zu integrieren. Als sichtbare Folge entstehen durch *Agro-*

bacterium tumefaciens Kallustumoren im Wurzelhalsbereich (*crown gall tumors*) und durch *Agrobacterium rhizogenes* ungehemmt wachsende, behaarte Wurzeln (*hairy roots*). Die Fähigkeit zur Genübertragung hängt unmittelbar mit dem Besitz ringförmiger DNA-Moleküle (Plasmide) zusammen. Man nennt sie Ti-Plasmide (*Tumor inducing*) bei *Agrobacterium tumefaciens* und Ri-Plasmide (*Root inducing*) bei *Agrobacterium rhizogenes*. Durch mehrtägige Wärmebehandlung bei 37°C verlieren einige Stämme von *Agrobacterium tumefaciens* unwiederbringlich das Ti-Plasmid und damit die Fähigkeit zur Tumorbildung, ohne daß dadurch ihre Lebensfähigkeit eingeschränkt wird [1]. Mit verschiedenen Techniken (zum Beispiel Elektroporation; Abschnitt 3.7) kann man derart „geheilte" (*cured*) Bakterien wieder mit Ti-Plasmiden beladen und den vorherigen Zustand wiederherstellen. Es muß sich dabei nicht unbedingt um das ursprüngliche Ti-Plasmid handeln: Jedes mit gentechnischen Mitteln veränderte Plasmid wird von *Agrobacterium* angenommen, solange es noch ganz bestimmte Grundbausteine für die Plasmidvermehrung enthält. Im folgenden wird zur Vereinfachung nur noch auf *Agrobacterium tumefaciens* und sein Ti-Plasmid näher eingegangen, weil *Agrobacterium rhizogenes* mit seinem Ri-Plasmid bisher zum Herstellen von transgenen Pflanzen keine breite Anwendung gefunden hat [2–4].

Die Stämme von *Agrobacterium tumefaciens* enthalten kein einheitliches Ti-Plasmid. Vielmehr treten mehr oder weniger starke stammesspezifische Unterschiede auf. Allen gemeinsam sind aber vier funktionell wichtige Abschnitte: Die T-DNA (*Transfer DNA*), eine Region mit dem Ti-Plasmid-Replikationsstartpunkt, eine Region für die Konjugation mit anderen Bakterien und die sogenannte Vir-Region, deren Gene die Mobilisierung und den Transfer der T-DNA steuern (Vir =Virulenz).

Die T-DNA ist bei der Transformation das mobile Element und wird vom Bakterium ins Pflanzengenom übertragen [5, 6]. Sie enthält beim Wildtyp von *Agrobacterium tumefaciens* mehrere Gene für die Synthese der Wachstumshormone Auxin und Cytokinin, wodurch tumorartiges Wachstum in der Pflanzenzelle ausgelöst wird. Ein weiteres Gen in der T-DNA codiert das Enzym zur Herstellung stammesspezifischer Opine aus Aminosäuren und α-Ketosäuren beziehungsweise Zuckern. Beim Plasmid des Stammes C58 in Abbildung 5.3 ist das die Nopalin-Synthase, die Nopalin aus Arginin und α-Ketoglutarat herstellt. *Agrobacterium tumefaciens* kann diese für Pflanzen einzigartige Stoffgruppe der Opine als Stickstoffquelle nutzen, weil es außerhalb der T-DNA auf dem Ti-Plasmid ein Gen für den Abbau des jeweiligen Opins hat. *Agrobacterium tumefaciens* schafft sich also mit dem natürlichen Gentransfer eine nicht versiegende Stickstoffquelle [7]. Die T-DNA wird an beiden Enden von einer

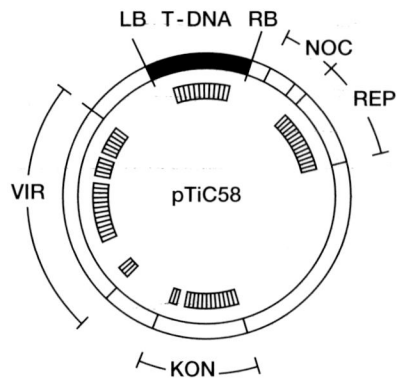

5.3 Das Ti-Plasmid von pTIC58, welches die Synthese von Nopalin codiert (schematisch). Das Ti-Plasmid hat vier wesentliche Abschnitte: die T-DNA, einen Replikationsstartpunkt, eine Region für die Konjugation und die Vir-Region. Diese vier Abschnitte findet man in allen bekannten Formen des Ti-Plasmids wieder. Die homologen Regionen sind gestrichelt dargestellt. LB: linke Bordersequenz; RB: rechte Bordersequenz; NOC: Gene für den Abbau von Nopalin; REP: Replikationsstartpunkt; KON: Konjugation mit Plasmiden; VIR: Vir-Region.

Sequenz aus 25 Basenpaaren flankiert (Bordersequenzen), deren Reihenfolge fast identische Wiederholungen aufweist. Beide Bordersequenzen spielen bei der T-DNA-Bildung und bei der Integration der T-DNA ins Pflanzengenom eine entscheidende Rolle, wie in den nächsten beiden Abschnitten gezeigt werden wird.

Zambryski und Mitarbeitern gelang es 1983, alle tumorauslösenden Gene (*onc*-Gene) aus der T-DNA des Wildtyp-Ti-Plasmids C58 zu entfernen und statt dessen das kleine, in *E. coli* klonierbare Plasmid pBR 322 einzufügen [8]. Strenggenommen wurde damit *Agrobacterium tumefaciens* „entwaffnet" (*disarmed*), denn es kann in diesem Fall kein Tumorwachstum mehr in Pflanzenzellen induzieren. Die Bezeichnung Ti-Plasmid ist daher eigentlich unzutreffend, wird aber wohl aus historischen Gründen immer weiter verwendet. Völlig unverändert blieben bei diesem Experiment alle anderen Funktionen des Ti-Plasmids. Damit war für die Gentechnik bei höheren Pflanzen das wahrscheinlich erfolgreichste Transformationssystem aus der Taufe gehoben worden.

„Entwaffnete" Ti-Plasmide lassen sich in der Praxis auf zweierlei Weise zur Transformation von Pflanzen benutzen: als cointegrative oder als binäre Plasmide (Abb. 5.4). Das cointegrative Prinzip besteht darin, fremde Gene zunächst in das in *E. coli* klonierbare Plasmid pBR322 einzubringen (Zwischenvektor) und dann dieses in einen *Agrobacterium*-Stamm mit einem Ti-Plasmid zu übertragen, das an Stelle der Wachs-

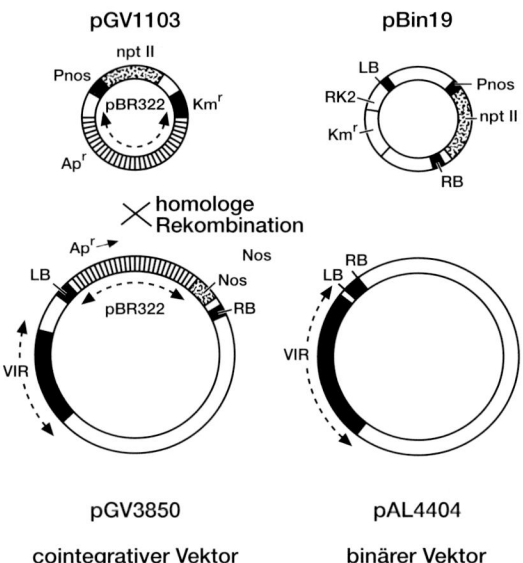

5.4 Ein cointegrativer und ein binärer Vektor (schematisch). Der cointegrative Vektor pGV 3850:1103 entsteht durch homologe Rekombination des intermediären Vektors pGV 1103 in das cointegrative Rezeptor-Ti-Plasmid pGV 3850. Beide Ausgangsplasmide enthalten dazu homologe pBR322-Sequenzen. Da sich pGV 1103 in *Agrobacterium* nicht replizieren kann, läßt sich in diesem Fall homologe Rekombination durch Selektion mit Kanamycin nachweisen. Bei binären Vektoren enthält *Agrobacterium tumefaciens* stets zwei Typen von Plasmiden: das Helferplasmid und das binäre Vektorplasmid. Beim Helferplasmid handelt es sich um ein Ti-Plasmid ohne T-DNA, aber mit der vollständigen Vir-Region. Auf dem binären Vektor befinden sich eingerahmt von den Bordersequenzen alle zu übertragenden Gene. Pnos: Promotor des Gens für die Nopalinsynthase; *npt II*: Gen für die Neomycin-Phosphotransferase; Km^r: Kanamycinresistenz bakterieller Herkunft; Ap^r: Ampicillinresistenz bakterieller Herkunft; LB: linke Bordersequenz; RB: rechte Bordersequenz; RK2: prokaryotischer Replikationsursprung, NOS: Gen für die Nopalinsynthase, VIR: Vir-Region.

tumshormongene (*onc*-Gene) eine Kopie des Plasmids pBR 322 enthält. Somit besitzt dieses *Agrobacterium* vorübergehend zwei Plasmide mit je einer Kopie von pBR 322. Durch homologe Rekombination verschmilzt anschließend der Zwischenvektor mit dem Ti-Plasmid. Es entsteht daraus ein Ti-Plasmid mit zwei Kopien von pBR322 und den fremden Genen zwischen beiden Bordersequenzen [9]. Dies geschieht jedoch nur mit sehr geringer Häufigkeit.

Bei binären Systemen werden nicht mehr alle Gene mitsamt des Zwischenvektors in ein Ti-Plasmid gebracht. Dieses System besteht aus zwei Plasmiden, dem Helferplasmid und dem binären Vektorplasmid, die beide gleichzeitig in einem *Agrobacterium* vorliegen. Beim Helferplasmid handelt es sich um ein Ti-Plasmid mit Vir-Region, aber ohne T-DNA. Das binäre Vektorplasmid enthält die beiden Borderregionen und zwischen ihnen alle zu übertragenden Gene. Außerdem codiert es bakterielle Replikationsstartpunkte für seine eigene Vermehrung in *E. coli* und *Agrobacterium tumefaciens*. Weiterhin enthält das Plasmid Sequenzen, welche Plasmidtransfer zwischen *E. coli* und *Agrobacterium tumefaciens* durch Konjugation erlauben. Ein Resistenzgen auf dem Vektorplasmid läßt nur Agrobakterien mit diesem Plasmid auf einem entsprechenden Selektionsmedium überleben. Ohne Selektion ginge das binäre Plasmid leicht wieder verloren.

Binäre Vektoren sind gegenüber cointegrativen Vektorsystemen vielseitiger ausbaubar und einfacher zu handhaben. Auf der anderen Seite sind cointegrative Vektoren sehr stabil und manchmal in der Transformationsfrequenz binären Vektoren überlegen. Der erste binäre Vektor wurde 1983 von Schilperoort und Mitarbeitern entwickelt und später vielfach abgewandelt [10, 11]. Heute wird überwiegend mit binären Vektoren transformiert.

Literatur

[1]   Hamilton, R. H.; Fall, M. I. (1971) *Experientia* **27**, 229–230.

[2]   Chilton, M.-D.; Tepfer, D.; Petit, A.; David, C.; Casse-Delbart, F.; Tempe, J. (1982) *Nature* **295**, 432–434.

[3]   Tepfer, D. (1990) *Physiol. Plantarum* **79,** 140–146.

[4]   Porter, J. R. (1991) *Critical Rev. Plant Sciences* **10**, 387–421.

[5]   Chilton, M.-D.; Drummond, M. D.; Merlo, D. J.; Sciaky, D.; Montoya, A. L.; Gordon, M. P.; Nester, E. W. (1977) *Cell* **11**, 263–271.

[6]   Lemmers, M.; De Beuckeleer, M.; Holsters, M.; Zambryski, P.; Depicker, A.; Hernalsteens, J.-P.; Van Montagu, M.; Schell, J. (1980) *J. Mol. Biol.* **144**, 353–376.

[7]   Schell, J.; Van Montagu, M.; De Beuckeleer, M.; De Block, M.; Depicker, A.; De Wilde, M.; Engler, G.; Genetello, C.; Hernalsteens, J. P.; Holsters, M.; Seurinck, J.; Silva, B.; Van Vliet, F.; Villarroel, R. (1979) *Proc. R. Soc. London B* **204**, 251–266.

[8]   Zambryski, P.; Joos, H.; Genetello, C.; Leemans, J.; Van Montagu, M.; Schell, J. (1983) *EMBO J.* **2**, 2143–2150.

[9]   Hain, R.; Stabel, P.; Czernilofsky, A.; Steinbiß, H.-H.; Herrera-Estrella, L.; Schell, J. (1985) *Mol. Gen. Genet.* **199**, 161–168.

[10]   Hoekema, A.; Hirsch, P.; Hooykaas, P.; Schilperoort, R. (1983) *Nature* **303**, 179–180.

[11]   Bevan, M. (1984) *Nucl. Acids Res.* **12**, 8711–8721.

[12]   Holsters, M.; Silva, B.; Van Fliet, F.; Genetello, C.; De Block, M.; Dhaese, P.; Depicker, A.; Inzé, D.; Engler, G.; Villarroel, R.; Van Montagu, M.; Schell, J. (1980) *Plasmid* **3**, 212–230.

5.5   Der T-DNA-Komplex

Wenn *Agrobacterium tumefaciens* in eine frische Pflanzenwunde eindringt und in engen Kontakt mit aktivierten Wundrandzellen kommen kann, wird ein Teil des Ti-Plasmids, die sogenannte T-DNA, in die Pflanzenzelle eingeschleust und dort ins Kerngenom integriert. Hinter dieser knappen Beschreibung verbirgt sich ein höchst komplizierter Vorgang, der bis heute noch nicht in allen Einzelheiten aufgeklärt ist. Dieser Abschnitt soll in groben Zügen den Ablauf des T-DNA-Transfers von der T-DNA-Synthese bis zum Einschleusen des gesamten T-DNA-Komplexes in den Pflanzenzellkern beschreiben.

Frisch verletzte Pflanzenzellen oder solche, die sich im Prozeß der Wundheilung befinden, scheiden phenolische Stoffe aus; diese setzen im *Agrobacterium* eine Abfolge von komplizierten Prozessen in Gang, die schließlich mit dem Transfer des T-DNA-Komplexes enden. Beim Tabak wurde 1985 erstmalig Acetosyringon als auslösende Substanz entdeckt [1]. Aber auch andere Stoffe wie Zimtsäuren und Flavonolglykoside haben diese Wirkung, und selbst Getreide scheiden chemische Signalstoffe aus, die *Agrobacterium* zum Gentransfer veranlassen können [2–6]. Bei neu zu transformierenden Pflanzen wird erfahrungsgemäß mit *Acetosyringon* begonnen, auch wenn diese Substanz nur im Tabak vorkommt. Mit ihr sind bisher gute Erfolge bei vielen verschiedenen Pflanzen erzielt worden.

Alle für den Transfer des T-DNA-Komplexes vom *Agrobacterium* in die Pflanzenzelle verantwortlichen Gene liegen außerhalb der T-DNA, teilweise in der sogenannten Vir-(Virulenz-)Region des Ti-Plasmids und zum Teil auf dem bakteriellen Chromosom. Die vom Chromosom codierten Gene (unter anderen *chvA*, *chvB*, *cel*, *pscA*, *att*) sind für den spezifischen Kontakt zwischen *Agrobacterium* und Pflanzenzelle wichtig (*attachment*). Ihre Genprodukte – Polymere aus Glucose wie Cellulose und bakterielle Oberflächenproteine – werden auch ohne auslösende Reizstoffe gebildet (konstitutive Genexpression). Die Vir-Region setzt sich aus

mindestens sechs Operonsystemen zusammen, von denen A, B, D und G
für den Gentransfer absolut notwendig sind. Die Genprodukte von *virC*
und *virE* verbessern dagegen lediglich die Effizienz der Transformation.
Die Proteine der Operons *virA* und *virG* sind im *Agrobacterium* für Reiz-
aufnahme und Weiterleitung an *virD* und *virG* zuständig. Das ist möglich,
weil die Operons *virA* und in geringem Umfang auch *virG* konstitutiv
arbeiten, das heißt, sie müssen nicht erst durch einen äußeren Reiz aktiviert werden. Vielmehr reagiert Acetosyringon direkt mit dem Protein
VirA in den Zellwänden von *Agrobacterium tumefaciens*.

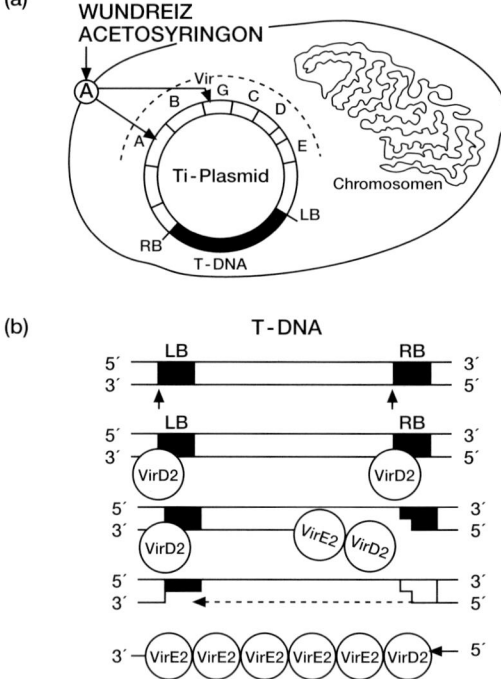

5.5 Aktivierung der *vir*-Gene und Bildung des T-DNA-Komplexes. (a) Phenolische
Substanzen aus verwundeten Pflanzenzellen oder Acetosyringon als Reinsubstanz binden
an Rezeptorstellen (A) in der bakteriellen Membran, die aus *virA*-codierten Proteinen
bestehen. Der Reiz wirkt sich stimulierend auf *virG* aus, und dessen Genprodukt aktiviert
die Operon-Systeme B, C, D und E. Alle Einzelheiten dieser Signaltransduktion sind
noch nicht aufgeklärt. (b) Das Protein VirD2 bindet an die linke (LB) und rechte (RB)
Bordersequenz der T-DNA und bewirkt dort einen DNA-Einzelstrangbruch. Anschließend synthetisiert eine DNA-Polymerase den unteren Strang der T-DNA von der rechten
bis zur linken Border neu und setzt dabei schrittweise die einzelsträngige T-DNA frei.
Diese hat am 5'-Ende ein kovalent gebundenes VirD2-Molekül und ist über die ganze
Länge von mehreren hundert VirE2-Molekülen eingehüllt.

Das VirA-Protein wird zum Beispiel durch Acetosyringon dazu veran-
laßt, den Aktivator *virG* einzuschalten, der wiederum die Transkription
der vier anderen Operonsysteme B, C, D und E stimuliert (Abb. 5.5a).
VirA und VirG sind also regulatorische Proteine, die eng zusammenarbei-
ten: ein Sensor und ein Aktivator. Sie leiten die nächste Phase der T-
DNA-Bildung durch Aktivierung der Virulenzgene *virD1/virD2* ein. Es
entstehen Endonucleasen, die in der rechten und linken Bordersequenz
einen DNA-Strang des doppelsträngigen Ti-Plasmids aufbrechen. Dadurch ensteht der einzelsträngige T-DNA-Strang. Gleichzeitig schließt
eine DNA-Polymerase von der rechten Bordersequenz ausgehend die
entstandene Lücke bis zur linken Bordersequenz und verdrängt den frisch
gebildeten T-DNA-Strang [6]. Die Proteine des *virC*-Operons scheinen
bei der T-DNA-Bildung Hilfestellung zu leisten [7]. Die Endonuclease
VirD2 löst sich nach der enzymatischen Reaktion nicht von der einzelsträngigen T-DNA ab, sondern bleibt bis in den Pflanzenzellkern fest an
der rechten Bordersequenz gebunden.

Zusätzlich wird die T-DNA noch von VirE2-Proteinen völlig eingehüllt, die vorzugsweise an Einzelstrang-DNA binden. In diesem Zustand
spricht man nicht mehr von der T-DNA, sondern von einem T-DNA-
Komplex (Abb. 5.5b). Dieser verläßt das *Agrobacterium* durch spezielle
Poren in der Bakterienzellwand. Daran sind vermutlich VirB-Proteine
beteiligt. Schließlich wird der T-DNA-Komplex durch Kernporen in den
Zellkern eingeschleust. Hier kann dann der T-DNA-Strang durch Rekombination zu einem Teil des Pflanzengenoms werden. Viele Einzelheiten
dieses einzigartigen Transformationsvorganges sind heute noch unklar,
aber die folgenden Grundzüge [8] gelten inzwischen als experimentell
abgesichert:

1. *Agrobacterium tumefaciens* heftet sich an spezifische Bindestellen
    der Pflanzenzellwand.
2. Das bakterielle Membranprotein VirA reagiert auf chemische Reize
    der verwundeten Zelle und leitet das Signal weiter an das Protein
    VirG, welches dann die übrigen Virulenzgene aktiviert.
3. Die T-DNA wird als einzelsträngige DNA durch Endonucleasen
    (VirD1/VirD2) aus dem Ti-Plasmid im Bereich der Bordersequenzen
    freigesetzt.
4. Durch enge Verknüpfung mit VirD2- und VirE-Proteinen entsteht der
    fertige T-DNA-Komplex.
5. Der T-DNA-Komplex wird möglicherweise durch Konjugation vom
    Bakterium in die Pflanzenzelle übertragen. Dabei spielen VirB-Pro-
    teine eine wichtige Rolle.

6. Eine Hülle aus VirE2- und VirD2-Proteinen schützt die T-DNA in der Pflanzenzelle vor enzymatischem Abbau und bewirkt gleichzeitig den Transport des gesamten Komplexes durch Kernporen in den Zellkern.

7. Die Integration der T-DNA ins Pflanzengenom erfolgt durch Rekombination.

Von allen acht Schritten wissen wir am wenigsten darüber, wie der T-DNA-Komplex das Bakterium verläßt. Schließlich müssen zwei Membranen passiert werden, nämlich die innere, cytoplasmatische und die äußere, glykolipidhaltige, welche direkt an die feste, peptidglycanhaltige Zellwand anschließt. Diese Barrieren sind im Prinzip keine unüberwindlichen Hindernisse, denn Bakterien können zum Beispiel DNA-Moleküle aus dem Boden aufnehmen (Abschnitt 7.3) und Proteine ausscheiden. So sind im Falle von *Bordetella pertussis* sieben Proteine identifiziert worden, die am Export eines Toxins beteiligt sind und bemerkenswerte Ähnlichkeiten mit den VirB-Proteinen von *Agrobacterium tumefaciens* haben [9]. Man nimmt heute an, daß der T-DNA-Komplex das Bakterium durch einen sehr kompliziert aufgebauten Kanal verläßt, der beide Membranen und die Zellwand überbrückt. Maßgeblich daran beteiligt sind die Proteine VirD4 und VirB1-11 [10–12]. Das *virB*-Operon ist das größte in der Vir-Region und codiert elf Proteine. Viele Wissenschaftler glauben, daß es für die Nutzung von *Agrobacterium tumefaciens* als Genfähre ganz entscheidend ist, dieses Operon optimal zu aktivieren. Deshalb konstruieren sie gegenwärtig neue binäre Vektoren auf der Basis sogenannter „supervirulenter" Stämme [13], mit denen ohnehin schon ungewöhnlich viele Pflanzenarten transformiert werden könen.

Faszinierend ist der Gedanke, daß der Gentransfer zwischen *Agrobacterium* und Pflanzenzelle eine Art Konjugation ist, die normalerweise nur dem Plasmidaustausch zwischen Bakterien dient. Dafür sprechen eine Menge überzeugender Experimente und Vergleiche mit anderen Fällen bakterieller Konjugation [14–16]. Wie aber der T-DNA-Komplex durch die sehr kompakt aufgebaute Pflanzenzellwand [17] ins Cytoplasma der Pflanzenzelle gelangt, ist immer noch unklar. *Agrobacterium* ist beim natürlichen Transformationsprozeß auf spezifische Rezeptoren in der Pflanzenzellwand angewiesen (*attachment*). Mikroskopische Untersuchungen haben ergeben, daß sich *Agrobacterium* vorwiegend an neu synthetisierte Zellwände in Wundrandnähe anlagert [18]. Insofern kann man ausschließen, daß *Agrobacterium* direkten Kontakt mit dem Plasmalemma hat oder sogar in die Pflanzenzelle eindringt. In Laborversuchen konnte jedoch gezeigt werden, daß Transformationen auch nach Injektion von Bakterien in Pflanzenzellen oder durch Fusion von Bakterien-Sphä-roplasten mit Pflanzen-Protoplasten möglich sind (Abschnitt 5.2). Der Zellwandkontakt ist also für die Transformation nicht zwingend not-wendig.

Der weitere Weg des T-DNA-Komplexes vom Plasmalemma bis in den Kern der Pflanzenzelle hängt vom besonderen Aufbau des Komplexes ab: Die Proteine VirD2 und VirE2 schützen die T-DNA vor dem Zugriff pflanzeneigener DNA-abbauender Enzyme, und sie haben in ihrem Mole-kül je zwei sogenannte Kernlokalisationssignale (KLS). Das sind haupt-sächlich basische Aminosäuren (Lysin und Arginin), die in einer ganz bestimmten Reihenfolge angeordnet sind und dem KLS des Nucleoplas-mins sehr ähnlich sind [19–21]. Nucleoplasmin ist das häufigste Protein in den Oocytenzellkernen des Krallenfrosches *Xenopus laevis*, und es war Gegenstand zahlreicher Untersuchungen. Dadurch wissen wir, daß der Transport durch die Kernporen in zwei Stufen erfolgt: Zunächst binden die Proteine mit dem KLS an spezifische Porenproteine, und dann erst erfolgt der eigentliche Transport durch die Kernpore [22]. Auch bei Pflan-zen scheint ein ähnlicher Mechanismus wirksam zu sein [23].

Hohn und Mitarbeiter zeigten mit Mutationsstudien, daß lediglich ein KLS des VirD2-Proteins für den Kerntransport verantwortlich ist [24] und nicht die KLS der ca. 600 Moleküle von VirE2, die den T-Strang einhüllen. Diese sorgen wahrscheinlich für eine optimale Form der T-DNA. Da die T-DNA ganz offensichtlich keinen Einfluß auf den Kern-transport ausübt, haben wir es hier mit einem sehr schönen Beispiel zu tun, bei dem Proteine DNA gezielt in den Zellkern transportieren. Dieses Prinzip könnte viele Transformationsmethoden effizienter machen. Neh-men wir nur den Fall an, daß man den T-DNA-Komplex künstlich (*in vitro*) herstellt [25] und dann in Zellen injiziert (Abschnitt 3.2), durch trockene Samen aufnehmen läßt (Abschnitt 4.2) oder an Goldpartikel gebunden in Zellen schießt (Abschnitt 3.3).

Bemerkenswert ist in diesem Zusammenhang die Beobachtung, daß Fusionsproteine zwischen VirE2, VirD2 und dem Enzym β-Glucuronida-se (Abschnitt 1.3) nicht automatisch aufgrund ihrer KLS in den Kern jeder beliebigen Pflanzenzelle wandern. In älteren Wurzeln von Mais und Tabak blieben sie nämlich im Cytoplasma liegen [26]. Der Kerntransport des T-DNA-Komplexes scheint demnach auch an einen ganz bestimmten physiologischen Zustand der Pflanzenzelle gekoppelt zu sein.

Literatur

[1]   Stachel, S.; Messens, E.; Van Montagu, M.; Zambryski, P. (1985) *Nature* **318**, 706–712.

[2]   Melchers, L. S.; Regensburg-Tuink, A. J. G.; Schilperoort, R. A.; Hooykaas, P. J. J. (1989) *Molec. Microbiol.* **3**, 969–977.

[3]   Sahi, S. V.; Chilton, M.-D.; Chilton, W. S. (1990) *Proc. Natl. Acad. Sci. USA* **87**, 3879–3883.

[4]   Messens, E.; Dekeyser, R.; Stachel, S. E. (1990) *Proc. Natl. Acad. Sci. USA* **87**, 4368–4372.

[5]   Sahi, S. V.; Gagliardo, R. W.; Chilton, M.-D.; Chilton, W. S. (1994) *Plant Cell Reports* **13**, 489–492.

[6]   Stachel, S.; Timmermann, B.; Zambryski, P. (1986) *Nature* **322**, 706–712.

[7]   De Vos, G.; Zambryski, P. (1989) *Molec. Plant-Microbe Interactions* **2**, 43–52.

[8]   Zambryski, P. C. (1992) *Annu. Rev. Plant Physiol. Plant Mol. Biol.* **43**, 465–490.

[9]   Weiss, A. A.; Johnson, F. D.; Burns, D. L. (1993) *Proc. Natl. Acad. Sci. USA* **90**, 2970–2974.

[10]   Okamoto, S.; Toyoda-Yamamoto, A.; Ito, K.; Takebe, I.; Machida, Y. (1991) *Mol. Gen. Genet.* **228**, 24–32.

[11]   Thorstensen, Y. R.; Kuldau, G. A.; Zambryski, P. C. (1993) *J. Bacteriology* **175**, 5233–5241.

[12]   Dreiseikelmann, B. (1994) *Microbiol. Rev.* **58**, 293–316.

[13]   Jin, S.; Komari, T.; Gordon, M. P.; Nester, E. W. (1987) *J. Bacteriol.* **169**, 4417–4425.

[14]   Waters, V. L.; Guiney, D. G. (1993) *Molec. Microbiol.* **9**, 1123–1130.

[15]   Frost, L. S.; Ippen-Ihler, K.; Skurray, R. A. (1994) *Microbiol. Rev.* **58**, 162–210.

[16]   Waters, V. L.; Guiney, D. G. (1993) *Mol. Microbiol.* **9**, 1123–1130.

[17]   Boudet, A. M.; Lapierre, C.; Grima-Pettenati, J. (1995) *New Phytol.* **129**, 203–236.

[18]   Sangwan, R. S.; Bourgeois, Y.; Brown, S.; Vasseur, G.; Sangwan-Norreel, B. (1992) *Planta* **188**, 439–456.

[19]   Howard, E. A.; Zupan, J. R.; Citovsky, V.; Zambryski, P. C. (1992) *Cell* **68**, 109–118.

[20]   Citovsky, V.; Zupan, J.; Warnick, D.; Zambryski, P. C. (1992) *Science* **256**, 1802–1805.

[21]   Robbins, J.; Dilworth, S. M.; Laskey, R. A.; Dingwall, C. (1991) *Cell* **64**, 615–623.

[22]   Newmeyer, D. D.; Forbes, D. J. (1988) *Cell* **52**, 641–653.
[23]   Hicks, G. R.; Raikhel, N. V. (1995) *Proc. Natl. Acad. Sci USA* **92**, 734–738.
[24]   Rossi, L.; Hohn, B.; Tinland, B. (1993) *Mol. Gen. Genet.* **239**, 345–353.
[25]   Jasper, F.; Koncz, C.; Schell, J.; Steinbiß, H.-H. (1994) *Proc. Natl. Acad. Sci. USA* **91**, 694–698.
[26]   Citovsky, V.; Warnick, D.; Zambryski, P. (1994) *Proc. Natl. Acad. Sci. USA* **91**, 3210–3214.

5.6   Integration der T-DNA

Leider gibt es kein einfaches Modellsystem, an dem man den Ablauf der T-DNA-Integration außerhalb der Pflanze (*in vitro*) studieren könnte. Deshalb ist man bis heute auf die molekulare Analyse transgener Pflanzen angewiesen. Diese Untersuchungen sind sehr zeitaufwendig und kostenintensiv, da man nicht nur die transgene Pflanze analysiert, sondern auch untersucht, wie der Integrationsort vor der Transformation ausgesehen hat. Da zwischen Transformation und molekularbiologischer Untersuchung der transgenen Pflanze viele Monate der Gewebekultur liegen, treten ganz verschiedene genetische Veränderungen auf, die man alle unter dem Begriff somaklonale Variation (Abschnitt 1.7) zusammenfaßt. Hinzu kommt, daß wir nicht wissen, wie stabil Pflanzengene beziehungsweise einzelne Chromosomenabschnitte in der Natur eigentlich sind. Wenn also in diesem Kapitel so oft über Veränderungen der T-DNA in transgenen Pflanzen gesprochen wird, spiegelt sich darin wahrscheinlich auch die natürliche „Instabilität" bestimmter DNA-Abschnitte wider. Transgene Pflanzen sind also ein ausgezeichnetes Mittel, um DNA-Veränderungen im Lebenszyklus einer Pflanze offenzulegen und zu studieren. Auf der anderen Seite beweisen aber viele Experimente, daß die T-DNA auch mehrere Generationen lang völlig unverändert bleiben kann; das ist die Grundvoraussetzung, wenn transgene Pflanzen in der Pflanzenzüchtung Verwendung finden sollen.

Unsere heutige Vorstellung von der Integration der T-DNA beruht auf vielen Einzelergebnissen, die sich leider bisher nicht zu einem einheitlichen Bild zusammenfügen lassen, da immer noch wesentliche Passagen des Integrationsprozesses zu erforschen sind [1–3]. Das beginnt schon mit der Frage, was mit dem T-DNA-Komplex geschieht, wenn er den Kern erreicht hat. Es handelt sich ja um die einzelsträngige T-DNA mit einer Schützhülle aus einigen hundert VirE2-Molekülen und einem Molekül VirD2 an der ehemaligen rechten Bordersequenz [4–6]. Bei allen Transformationen mit ungeschützter isolierter DNA (*naked DNA*) kommt es vor der Integration ins Pflanzengenom zu umfangreichen Veränderungen der fremden Gene. Das kann sich zum Beispiel darin äußern, daß Teile der DNA nicht mehr vorhanden sind, daß sich der Aufbau des Gens verändert hat oder daß viele Genkopien zu einer einzigen Kette verknüpft wurden [6, 7]. Dieses Phänomen tritt bei der Transformation mit *Agrobacterium tumefaciens* sehr viel seltener auf als bei Transformationen mit gereinigter DNA, was dafür spricht, daß die schützende Hülle aus VirE2-Molekülen auch im Kern noch lange erhalten bleibt.

Ob nun die Integration der T-DNA ins Pflanzengenom mit Hilfe der rechten oder linken Bordersequenz erfolgt, ist eine ganz aktuelle Streitfrage [8, 9]: Bisher geht man davon aus, daß eine geringe Homologie von etwa fünf bis sieben Basenpaaren ausreicht, um einen ersten, wenn auch schwachen Kontakt zwischen der rechten Bordersequenz und der Pflanzen-DNA herbeizuführen. Anschließend erfolgt die Integration durch Rekombination, bei der wahrscheinlich neben VirD2 auch pflanzliche Enzyme (Kinasen) beteiligt sind. Das erklärt, warum man die rechte Bordersequenz immer wieder in wenig veränderter Form in transgenen Pflanzen findet. Der ganze Bereich um die linke Bordersequenz ist dagegen sehr variabel. Gerade der letzte Befund ist Grundlage einer zweiten Integrationsmöglichkeit: Die Integration kann auch durch homologe Rekombination erfolgen, wenn ein T-DNA-Teilabschnitt in der Nähe der linken Bordersequenz starke Homologie zu bestimmten Bereichen der Pflanzen-DNA aufweist. Die geringen Veränderungen im Bereich der rechten Bordersequenz lassen sich in diesem Fall mit der schützenden Wirkung des VirD2-Proteins erklären, das fest an dieses Ende der T-DNA gekoppelt ist [10, 11] und vor der Integration von pflanzeneigenen Enzymen – wahrscheinlich Kinasen – abgetrennt werden muß. Wenn sich die zweite Theorie als richtig herausstellen sollte, besteht hinsichtlich der Integration (homologe Rekombination) zwischen Transformationen mit isolierter, ungeschützter DNA und denen mit *Agrobacterium tumefaciens* kein wesentlicher Unterschied. Lediglich die schützende VirE2/D2-Hülle wäre dann etwas Besonderes und natürlich auch der einzigartige Transport der T-DNA vom Bakterium in den Pflanzenzellkern (Abschnitt 5.5). Ungeklärt ist, ob VirE2 neben der Schutz- und strukturbildenden Funktion auch noch eine besondere Rolle beim Integrationsprozeß spielt, indem es die DNA-Doppelhelixstruktur auseinanderwindet und somit einen Einzelstrang für den Rekombinationsprozeß freilegt (Helikasefunktion). Dieser Prozeß findet aber auch regelmäßig vor der Zellteilung im Zuge der DNA-Verdoppelung sowie bei der DNA-Reparatur statt. So bleibt also die Frage weiterhin offen, ob die T-DNA mit ihren umhüllenden Proteinen zusammen mit noch nicht näher bekannten Pflanzenenzymen ihre Integration ins Pflanzengenom selbst steuert oder ob lediglich regelmäßig wiederkehrende Prozesse wie DNA-Vermehrung (Replikation) und DNA-Reparatur von *Agrobacterium* zur Transformation von Pflanzen „zweckentfremdet" werden.

Die molekularbiologische Analyse transgener Pflanzen führte zu dem Ergebnis, daß die T-DNA oft als vollständige Einzelkopie, manchmal aber auch mehrfach hintereinander angeordnet im Pflanzengenom anzutreffen ist [12–15]. Gelegentlich fand man auch stark verkürzte T-DNAs [3, 16]. Ein Zusammenhang zwischen T-DNA-Umstrukturierungen und dem zur Transformation verwendeten Pflanzentyp wurde bisher nicht gefunden. Zersplitterung und Umgruppierung der T-DNA gehen in transgenen Pflanzen oft mit abgeschwächter Genaktivität der T-DNA einher [15, 17]. Diese Beobachtung läßt sich in der Praxis nutzen: Durch eine kräftige Selektion mit hohen Antibiotikamengen (Abschnitt 1.3) kann man transgene Zellen mit unerwünschten Veränderungen der T-DNA im Wachstum unterdrücken. Allerdings wurde bei transgenen Mäusen beobachtet, daß sich das Resistenzgen spontan unter Selektionsdruck vervielfältigt hat [18]. Bei transgenen Pflanzen scheint dieses Phänomen ebenfalls vorzukommen (Abschnitt 7.6). Dieser Effekt kann erwünscht sein, wenn man eine erhöhte Resistenz anstrebt. Er kann aber auch dazu führen, daß die Genaktivität völlig zum Erliegen kommt [19], weil die vervielfältigten Gene auf komplizierte Art und Weise miteinander reagieren (Abschnitt 1.6).

Für Integrationsstudien benutzt man als genetische Sonden normalerweise DNA-Sequenzen, die zwischen den beiden Bordersequenzen der T-DNA liegen. Nimmt man aber Sequenzen, die außerhalb liegen, dann kommt es nicht selten vor, daß auch diese in der transgenen Pflanze auftauchen [20–22]. Man kann das leicht damit erklären, daß die T-DNA-Synthese an der linken Bordersequenz nicht abgebrochen wurde (Abschnitt 5.4) und daß demzufolge die T-DNA auch Sequenzen umfaßt, die auf dem Ti-Plasmid außerhalb der linken Bordersequenz liegen. Allgemein wird gelehrt, daß *Agrobacterium tumefaciens* nur Gene in die Pflanze überträgt, die zwischen den beiden Bordersequenzen liegen. Das muß man wohl ernsthaft anzweifeln, wenn etwa 20 bis 30 Prozent der untersuchten transgenen Pflanzen von dieser Regel abweichen [22].

Grundsätzlich ist die T-DNA wahllos auf allen Chromosomen anzutreffen. *Crepis capillaris* ist für diese Untersuchungen ausgezeichnet geeignet, weil es nur drei Chromosomen besitzt. Mit Tomate und *Petunia hybrida* konnte dies jedoch bestätigt werden [23–25]. Auffällig war bei diesen und ähnlichen Untersuchungen, daß die T-DNA hauptsächlich in DNA-Abschnitten zu finden ist, die von der Pflanze regelmäßig transkribiert werden [26] und die im Laufe pflanzlicher Rekombinationsprozesse vielfältigen Veränderungen unterworfen sind [27, 28].

Literatur

[1]   Gheysen, G.; Villarroel, R.; Van Montagu, M. (1991) *Genes & Development* **5**, 287–297.

[2]   Mayerhofer, R.; Koncz-Kalman, Z.; Nawrath, C.; Bakkeren, G.; Crameri, A.; Angelis, K.; Redei, G.; Schell, J.; Hohn, B.; Koncz, C. (1991) *EMBO J.* **10**, 697–704.

[3]   Koncz, C.; Nemeth, K.; Redei, G. P.; Schell, J. (1995) In: Paszkowski, J. (Hrsg.) *Homologous Recombination and Gene Silencing in Plants*. Kluwer Academic Publisher, Dordrecht.

[4]   Tinland, B.; Koukolikova-Nicola, Z.; Hall, M. N.; Hohn, B. (1992) *Proc. Natl. Acad. Sci. USA* **89**, 7442–7446.

[5]   Tinland, B.; Hohn, B.; Puchta, H. (1994) *Proc. Natl. Acad. Sci. USA* **91**, 8000–8004.

[6]   Rossi, L.; Hohn, B.; Tinland, B. (1993) *Mol. Gen. Genet.* **239**, 345–353.

[7]   Czernilovsky, A. P.; Hain, R.; Herrera-Estrella, L.; Lörz, H.; Goyvaerts, E.; Baker, B. J.; Schell, J. (1986) *DNA* **5**, 101–113.

[8]   Gharti-Chhetri, G. B.; Cherdshewasart, W.; Dewulf, J.; Jacobs, M.; Negrutiu, I. (1992) *Physiol. Plant.* **85**, 345–351.

[9]   Tinland, B.; Hohn, B. (1995) In: *Genetic Engineering Principles and Methods* **17**. Plenum Press, New York, London (im Druck).

[10]   Jasper, F.; Koncz, C.; Schell, J.; Steinbiß, H.-H. (1994) *Proc. Natl. Acad. Sci. USA* **91**, 2994–2998.

[11]   Herrera-Estrella, A.; Chen, Z.-M.; Van Montagu, M.; Wang, K. (1988) *EMBO J.* **7**, 4055–4062.

[12]   De Block, M.; Herrera-Estrella, L.; Van Montagu, M.; Schell, J.; Zambryski, P. C. (1984) *EMBO J.* **3**, 1681–1689.

[13]   Spielman, A.; Simpson, R. B. (1986) *Mol. Gen. Genet.* **205**, 34–41.

[14]   Deroles, S. C.; Gardner, R. C. (1988) *Plant Mol. Biol.* **11**, 355–364.

[15] Jorgensen, R.; Snyder, C.; Jones, J. D. G. (1987) *Mol. Gen. Genet.* **207**, 471–477.

[16] Holsters, M.; Villarroel, R.; Gielen, J.; Seurinck, J.; De Greve, H.; Van Montagu, M.; Schell, J. (1983) *Mol. Gen. Genet.* **190**, 35–41.

[17] Jones, J. D. G.; Gilbert, D. E.; Grady, K. L.; Jorgensen, R. A. (1987) *Mol. Gen. Genet.* **207**, 478–485.

[18] Gordon, J. W.; Isola, L. M. (1993) *Transgene* **1**, 77–90.

[19] Dougherty, W. G.; Parks, T. D. (1995) *Curr. Opin. Cell Biol.* **7**, 399–405.

[20] Stachel, S. E.; Timmermann, B.; Zambryski, P. C. (1987) *EMBO J.* **6**, 857–863.

[21] Veluthambi, K.; Ream, W.; Gelvin, S. B. (1988) *J. Bacteriol.* **170**, 1523–1532.

[22] Martineau, B.; Voelker, T. A.; Sanders, R. (1994) *The Plant Cell* **6**, 1032–1033.

[23] Ambros, P. F.; Matzke, A. J. M.; Matzke, M. A. (1986) *EMBO J.* **5**, 2073–2077.

[24] Chyi, Y.-S.; Jorgensen, R. A.; Goldstein, D.; Tanksley, S. D.; Loaiya-Figueroa, F. (1986) *Mol. Gen. Genet.* **204**, 64–69.

[25] Wallroth, M.; Gerats, A. G. M.; Roger, S. G.; Fraley, R. T.; Horsch, R. B. (1986) *Mol. Gen. Genet.* **202**, 6–15.

[26] Koncz, C.; Martini, N.; Mayerhofer, R.; Koncz-Kalman, Z.; Körber, H.; Redei, G. P.; Schell, J. (1989) *Proc. Natl. Acad. Sci USA* **86**, 8467–8471.

[27] Binns, A. N.; Thomashow, M. F. (1988) *Annu. Rev. Microbiol.* **42**, 575–606.

[28] Zambryski, P. C. (1988) *Annu. Rev. Genet.* **22**, 1–30.

6.
Transformation mit *Agrobacterium tumefaciens*

6.1 Protoplasten, Zellen und Kalli

Für die Transformation durch *Agrobacterium tumefaciens* ist man nicht unbedingt auf verwundetes Pflanzengewebe angewiesen. Es reicht vielmehr völlig aus, Protoplasten so lange in einem Gewebekulturmedium zu halten, bis sie eine neue Zellwand synthetisiert haben. Beim Tabak dauert das etwa zwei Tage; dann mischt man zu diesen Einzelzellen Agrobakterien (ca. 100–1000 Bakterien pro Pflanzenzelle). Danach setzt man die Gewebekultur fort (Cokultur, Abb. 6.1). Der Gentransfer vollzieht sich innerhalb der nächsten zwei bis drei Tage, auch wenn anschließend alle Agrobakterien mit einem geeigneten Antibiotikum abgetötet werden. Der genaue Zeitpunkt der Bakterienzugabe beziehungsweise die Länge der Cokultur werden von Labor zu Labor anders gehandhabt. Das liegt daran, daß wir immer noch nicht wissen, wann die Genübertragung tatsächlich erfolgt, so daß man deshalb empirisch vorgehen muß: Erfahrungsgemäß sieht man in einer sich optimal entwickelnden Tabakzellkultur nach zwei Tagen die ersten frisch geteilten Zellen. Man kann also davon ausgehen, daß sich viele andere Zellen noch in der Phase der DNA-Verdoppelung (S-Phase) befinden [1, 2]. Eine große Zahl von transformierten Zellen tritt dann auf, wenn am Ende der Cokultur der Anteil geteilter Zellen deutlich zugenommen hat. Im Idealfall kann dann jede zweite überlebende Zelle transformiert worden sein [3].

Ganz offensichtlich ist die S-Phase für die Genübertragung durch *Agrobacterium tumefaciens* wie auch für die Transformation mit isolierter DNA besonders günstig [4–6]. Die Anwesenheit einer Zellwand scheint demgegenüber nur von untergeordneter Bedeutung zu sein [7]. Ob eine nicht teilungsbereite Zelle überhaupt von *Agrobacterium* transformiert werden kann, ist immer noch eine ungelöste Frage.

6.1   Cokultur von Zellen mit *Agrobacterium tumefaciens* und Regeneration transgener Pflanzen. (a) Protoplasten werden zwei bis drei Tage kultiviert, bis man wie in dieser Abbildung die ersten Zellteilungen sieht. Dann gibt man Agrobakterien hinzu. Diese lagern sich sehr bald mit ihren Cellulosefibrillen an die Pflanzenzellwände an (*attachment*). (b) Aus transgenem Kallusmaterial entstehen durch Reduzierung der Auxinkonzentration im Kulturmedium und gleichzeitige Erhöhung des Cytokininspiegels transgene Sprosse. (Vergrößerungsbalken: 50 μm)

Das Prinzip der Cokultur wurde von Marton und Mitarbeitern 1979 erstmalig veröffentlicht [8] und wird seither in wenig veränderter Form praktiziert. Prinzipiell kann man auf diese Art und Weise eine große Zahl unabhängiger Transformanten erzielen. Damit wäre diese Methode für die Praxis geradezu ideal, wenn da nicht die enge Kopplung zwischen der Regenerationsfähigkeit der Protoplasten und dem Wirtsbereich von *Agrobacterium tumefaciens* bestünde. Viele erfolgreiche Experimente mit der Cokultur waren nämlich nur möglich, weil eine ganz bestimmte, weit verbreitete Tabakmutante verwendet wurde, nämlich die streptomycinresistente Tabaksorte *Petit Havanna* [9]. Bei vielen anderen Kulturpflanzen führt die Anwesenheit von *Agrobacterium* im Kulturmedium dazu, daß die Zellen sich nicht mehr weiter entwickeln oder sogar absterben. Manchmal sieht man auch, daß Pflanzenzellen die Bakterien absterben lassen. In einigen Fällen konnte Abhilfe geschaffen werden, indem die Cokultur über in Agar eingebetteten Suspensionskulturzellen stattfand. Man glaubt, daß die Zellen im Agar einen positiven Einfluß auf diejenigen in der Cokultur ausüben. Derartige Ammenkulturen (*nurse cultures*) sind auch heute noch bei der Regeneration von Getreideprotoplasten beliebt [10].

Smith und Hindley konnten 1978 zeigen [11], daß sich auch Suspensionskulturen direkt durch eine zeitlich befristete Cokultur mit *Agrobacte-*

rium tumefaciens transformieren lassen. Mitte der achtziger Jahre wurde daraus eine sehr wirkungsvolle Methode, weil keine Protoplastierung mehr notwendig war, so daß die Regeneration erleichtert wurde [12–14]. Allerdings besteht eine Suspensionskultur nur zum geringen Teil aus Einzelzellen. Sehr viel häufiger sind kleine Kalli, die unter Umständen 50 bis 100 Zellen umfassen. Man muß also damit rechnen, daß mehrere Zellen eines Kallus unabhängig voneinander transformiert werden und sich deshalb hinsichtlich der Struktur der T-DNA, des Integrationsortes und der Kopienzahl unterscheiden. Da Sprosse in der Regel aus mehreren Zellen eines Kallus entstehen, bleibt dieser Mischzustand weiterhin erhalten. Erst in der nächsten Generation erhält man Pflanzen, die auf ein einziges Transformationsereignis zurückgehen, wenn die transgene Pflanze mit einer nicht transgenen gekreuzt wurde.

Literatur

[1]   Wersuhn, G. (1979) *Biol. Zentralblatt* **98**, 91–106.

[2]   Francis, D.; Halford, N. G. (1995) *Physiol. Plantarum* **93**, 365–374.

[3]   Depicker, A. G.; Herman, L.; Jacobs, A.; Schell, J. (1987) *Mol. Gen. Genet.* **201**, 477–484.

[4]   Chaudhury, A. M.; Dennis, E. S.; Brettell, R. I. S. (1994) *Austr. J. Plant Physiol.* **21**, 125–131.

[5]   Gould, A. R.; Ashmore, S. E. (1982) *Theor. Appl. Genet.* **64**, 7–12.

[6]   Giulotto, E.; Israel, N. (1984) *Biochem. Biophys. Res. Comm.* **118**, 310–316.

[7]   Escudero, J.; Neuhaus, G.; Hohn, B. (1995) *Proc. Natl. Acad. Sci.* **92**, 230–234.

[8]   Marton, L.; Wullems, G. J.; Molendijk, L.; Schilperoort, R. A. (1979) *Nature* **277**, 129–131.

[9]   Maliga, P.; Breznovitz, A.; Marton, L. (1973) *Nature New Biol.* **244**, 29–31.

[10] Folling, M.; Madsen, S.; Olesen, A. (1995) *Plant Science* **108**, 229–239.

[11] Smith, V. A.; Hindley, J. (1978) *Nature* **276**, 498–500.

[12] An, G. (1985) *Plant Physiol.* **79**, 568–570.

[13] Scott, R. J.; Draper, J. (1987) *Plant Mol. Biol.* **8**, 265–274.

[14] Howe, G. T.; Goldfarb, B.; Strauss, S. H. (1994) *Plant Cell, Tissue and Organ Culture* **36**, 59–71.

6.2   Gewebeinkubation

Die Transformation von Gewebestücken durch *Agrobacterium tumefaciens* hat den Vorteil, daß sie mit weniger Gewebekulturaufwand und bei viel mehr Pflanzenarten durchgeführt werden kann als die Transformation von Protoplasten und Suspensionskulturzellen. Im einfachsten Fall schneidet man Blätter von steril herangezogenen Tabaksprossen in kleine Stücke, taucht sie kurz in eine *Agrobacterium*-Suspension, trocknet sie oberflächlich ab und legt sie dann etwa zwei Tage lang auf ein Kulturmedium mit Hormonen, welche die Kallusbildung induzieren. Im Anschluß an diese „Cokultur-Phase" bleiben die Blattstücke auf einem ähnlichen Kuturmedium mit zwei Antibiotika, von denen das eine zum Abtöten der Bakterien und das andere zur Selektion transgener Zellen dient. Nach einigen Wochen entstehen im wundnahen Bereich Kalli und daraus später kleine Sprosse, die dann als Sproßkultur auf einem hormonfreien Medium mit beiden Antibiotika herangezogen werden. Da als Ausgangsmaterial Blattstücke verwendet wurden, heißt dieses Verfahren auch *leaf-disc*-Methode [1–7]. Man versteht darunter heute ganz allgemein die Inkubation von Sproßabschnitten oder Teilen des keimenden Embryos, aus denen neue Pflanzen regeneriert werden können [8–10]. Einige Kulturpflanzen reagieren auf Verletzungen sehr schnell mit Verbräunen, hervorgerufen durch die Aktivität von Phenoloxidasen in den verletzten Zellen. Bei diesen Pflanzen hat es sich bewährt, zunächst wie bei der Partikelbeschuß-Technik reine Goldpartikel ins Gewebe zu schießen (Abschnitt 3.3) und anschließend *Agrobacterium* in diese sehr feinen Wunden eindringen zu lassen. Auf diese Weise kann man auch Meristeme verletzen und transformieren [11, 12]. Schütteln von jungen Keimlingen zusammen mit feinen Glaskugeln scheint ebenfalls ausreichend „zarte" Verletzungen zu bewirken [13]. Beim Reis hat sich kürzlich das Scutellum unreifer Embryonen beziehungsweise embryogener Kallus aus reifen Embryonen als ausgezeichnetes Cokulturobjekt zur erfolgreichen Transformation durch *Agrobacterium tumefaciens* erwiesen [14].

Wie bei der Transformation von Suspensionskulturen entstehen bei der Gewebeinkubation transgene Pflanzen, die mit großer Wahrscheinlichkeit aus mehreren unabhängigen Transformationsereignissen stammen. Durch eine strenge Selektion mit Antibiotika kann man zwar die Beteiligung von nicht transgenen Zellen am Aufbau der transgenen Pflanze (also die Bildung von Chimären) verhindern, aber man sollte dennoch erst mit der nächsten Generation arbeiten, wenn hinsichtlich der neuen DNA ein einheitlicher genetischer Hintergrund (Integrationsort, Kopienzahl, Aufbau der T-DNA) notwendig ist. Ob dieser dann allerdings im Laufe der gesamten nächsten Vegetationsperiode gleich bleibt, ist zweifelhaft, weil es das Phänomen der somaklonalen Variation gibt (Abschnitt 1.7).

Literatur

[1]   Horsch, R. B.; Fry, J. E.; Hoffmann, N. L.; Eichholtz, D.; Rogers, S. G.; Fraley, R. T (1985) *Science* **227**, 1229–1231.

[2]   Rogers, S. G.; Horsch, R. B.; Fraley, R. T. (1986) *Methods in Enzymology* **118**, 627–640.

[3]   McCormick, S.; Niedermeyer, J.; Fry, J.; Barnason, A.; Horsch, R. B.; Fraley, R. T. (1986) *Plant Cell Rep.* **5**, 81–84.

[4]   Lloyd, A. M.; Barnason, A. R.; Rogers, S. G.; Byrne, M. C.; Fraley, R. T.; Horsch, R. B. (1986) *Science* **234**, 464–466.

[5]   Palmgren, G.; Mattson, O.; Okkels, F. T. (1993) *Plant Mol. Biol.* **21**, 429–435.

[6]   Tsai, C.-J.; Podila, G. K.; Chiang, V. L. (1994) *Plant Cell Rep.* **14**, 94–97.

[7]   Sain, S. L.; Oduro, K. K.; Furtek, D. B. (1994) *Plant Cell, Tissue and Organ Culture* **37**, 243–251.

[8]   Jordan, M. C.; Hobbs, S. L. A. (1993) *In Vitro Cell Dev. Biol.* **29P**, 77–82.

[9]   Akama, K.; Puchta, H.; Hohn, B. (1995) *Plant Cell Rep.* **14**, 450–454.

[10]   Pena, L.; Cervera, M.; Juarez, J.; Ortega, C.; Pina, J. A.; Duran-Vila, N.; Navarro, L. (1995) *Plant Science* **104**, 183–191.

[11]   Malone-Schoneberg, J.; Scelonge, C. J.; Burrus, M.; Bidney, D. L. (1994) *Plant Science* **103**, 199–207.

[12]   May, G. D.; Afza, R.; Mason, H. S.; Wiecko, A.; Novak, F. J.; Arntzen, C. J. (1995) *Bio/Technology* **13**, 486–492.

[13]   Grayburn, W. S.; Vick, B. A. (1995) *Plant Cell Rep.* **14**, 285–289.

6.3   Samen, Pflanzen und Pollen

Feldmann und Marks beschrieben 1987 eine Methode zur Transformation von *Arabidopsis thaliana* (Schmalwand), deren Wirkungsweise bis heute rätselhaft geblieben ist [1]: Sie inkubierten zunächst etwa 3 000 Samen 24 Stunden lang mit *Agrobacterium tumefaciens* und ließen dann die jungen Keimlinge ganz normal in Gewächshäusern heranwachsen. Wahrscheinlich dringt *Agrobacterium* sehr früh in die Keimlinge ein und breitet sich in der ganzen Jungpflanze aus. Das eigentliche Transformationsereignis findet viel später statt und betrifft die Gameten oder vielleicht sogar erst die Zygoten [2]. Feldmann nimmt das an, weil alle Transformanten auch nach Selbstung heterozygot waren, weil jede behandelte Pflanze eine einheitliche Mutante hervorbrachte und weil er sogar noch zwei Generationen später Bakterien in den Pflanzen fand. Dem letzten Punkt sollten alle Anwender besondere Aufmerksamkeit schenken, denn offensichtlich kann *Agrobacterium* zumindest in diesem Fall durch Samen übertragen werden. Leider ist es wohl noch keinem anderen Wissenschaftler gelungen, diese Methode bei *Arabidopsis* oder irgendeiner anderen Pflanze zu reproduzieren. Wenn es nicht die vielen tausend transformierten Pflanzen von Kenneth Feldmann gäbe, würde man dieser Methode keinen Glauben schenken. Aus jedem Experiment erhielt er etwa 300 000 Samen, von denen durchschnittlich 5,5 Prozent transformiert waren [2].

Kürzlich wurde eine weitere Methode zur Transformation von *Arabidopsis* veröffentlicht, die der Feldmann-Methode sehr ähnlich ist und zumindest den Vorteil hat, daß sie bereits in verschiedenen Arbeitsgruppen mit Erfolg wiederholt werden konnte [3]. In diesem Fall wird eine *Agrobacterium*-Kultur mit Unterdruck in ganz junge *Arabidopsis*-Pflanzen eingesaugt. Die Bakterien verteilen sich dann wie bei der Feldmann-Methode in der ganzen Pflanze.

Durch Einbau eines neuen Gens ins Pflanzengenom kann ein pflanzeneigenes Gen inaktiviert werden, was unter Umständen zu sichtbaren (phänotypischen) Veränderungen von *Arabidopsis* führt. Man spricht deshalb hier von Insertionsmutagenese. Wenn es stimmt, daß *Agrobacterium tumefaciens* für seine T-DNA keine spezifischen Integrationsorte kennt, müßte es damit möglich sein, jedes einzelne Gen von *Arabidopisis* zu mutieren. Da die Sequenz des übertragenen Gens bekannt ist, lassen sich dann die angrenzenden pflanzeneigenen DNA-Sequenzen bestimmen (*gene tagging*). Allerdings sollte nur eine T-DNA-Kopie pro Pflanze auftreten, weil man sonst nicht wüßte, welche Kopie für den „Effekt" verantwortlich ist. Andere Effekte wie Methylierung und somaklonale Variation (Abschnitt 1.7) sind ebenfalls zu berücksichtigen [4–6]. Durch die Markierung mit der T-DNA (*T-DNA-tagging*) erhoffen sich die Wissenschaftler Aussagen über Struktur und Funktion von Genen. Während Feldmann in seiner Veröffentlichung [2] noch von etwa 1 000 identifizierten Mutanten sprach, planten die Erfinder der Infiltrationstechnik bereits 100 000

Mutanten [3]. Andere Gruppen treten da etwas bescheidener auf [7, 8], denn derartig große Mengen können von einer Arbeitsgruppe allein nicht mehr analysiert werden.

Arabidopsis thaliana ist für die Insertionsmutagenese geradezu ideal, denn sein Genom umfaßt nur 20 000 kb und ist damit im Vergleich zu anderen Kulturpflanzen sehr klein. Es enthält nur wenige wiederholte Gene (repetitive Sequenzen), die Methylierung ist vergleichsweise gering, und es existiert bereits eine einmalig große Fülle von genetischen Daten [9, 10]. Nicht umsonst vergleicht man *Arabidopsis thaliana* mit *Drosophila melanogaster* (Taufliege), dem Paradeobjekt der klassischen Genetik.

Neue Transformationsmethoden werden gerne danach beurteilt, welchen technischen Aufwand sie erfordern und ob sie bei möglichst vielen Kulturpflanzen anwendbar sind. Heß und Mitarbeiter haben sich intensiv mit dem Zielobjekt Pollen und Pollenschläuche beschäftigt [11]. Bei *Petunia hybrida* versuchten sie, wachsende Pollenschläuche mit *Agrobacterium tumefaciens* zu transformieren und anschließend damit Blüten zu bestäuben [12, 13]. In einem anderen Experiment wurde *Agrobacterium* direkt in bestäubte Weizenblüten pipettiert [14]. In beiden Fällen glaubte man, transgene Pflanzen erhalten zu haben. Wenn man aber bedenkt, daß *Agrobacterium* in *Arabidopsis* – wie oben beschrieben – durch Samen übertragen werden kann, dann betrachtet man die veröffentlichten Pollentransformationen besonders kritisch und kann sich mit den dort beschriebenen Transformationsnachweisen nicht mehr zufriedengeben. Ungeachtet desssen ist die Pollentransformation eine sehr einfache und billige Methode, die weite Verbreitung fände, wenn eindeutige molekulare und genetische Beweise vorliegen würden.

Literatur

[1] Feldmann, K. A.; Marks, M. D. (1987) *Mol. Gen. Genet.* **208**, 1–9.

[2] Feldmann, K. A. (1991) *The Plant J.* **1**, 71–82.

[3] Bechtold, N.; Ellis, J.; Pelletier, G. (1993) *C.R. Acad. Sci. Paris, Life Sciences,* **316**, 1194–1199.

[4] Matzke, M. A.; Primig, M.; Trnovsky, J.; Matzke, A. J. M. (1989) *EMBO J.* **8**, 643–649.

[5] van den Bulk, R. W.; Löffler, H. J. M.; Lindhaut, W. H.; Koorneef, M. (1990) *Theor. Appl. Genet.* **80**, 817–825.

[6] Weber, H.; Ziechmann, C.; Graessmann, A. (1990) *EMBO J.* **9**, 4409–4415.

[7]   Katavic; Haughn, G. W.; Reed, D.; Martin, M.; Kunst, L. (1994) *Mol. Gen. Genet.* **245**, 363–370.

[8]   Chang, S. S.; Park, S. K.; Kim, B. C.; Kang, B. J.; Kim, D. U.; Nam, H. G. (1994) *The Plant J.* **5**, 551–558.

[9]   Leutwiler, L. S.; Hough-Evans, R. B.; Meyerowitz, E. M. (1984) *Mol. Gen. Genet.* **194**, 15–23.

[10] Meyerowitz, E. M. (1989) *Cell* **56**, 263–270.

[11] Heß, D. (Hrsg.) (1992) *Biotechnologie der Pflanzen.* Verlag Eugen Ulmer, Stuttgart.

[12] Hess, D.; Dressler, K. (1989) *Bot. Acta* **102**, 202–207.

[13] Süssmuth, J.; Dressler, K.; Hess, D. (1991) *Bot. Acta* **104**, 72–76.

[14] Hess, D.; Dressler, K.; Nimmrichter, R. (1990) *Plant Science* **72**, 233–244.

6.4   Agroinfektion

Agroinfektion ist eine Methode, die strenggenommen in diesem Buch nicht erwähnt zu werden braucht, weil sie bisher nicht zu transgenen Pflanzen führte. Mit ihr lassen sich aber Pflanzen mit Viren und Viroiden infizieren, die üblicherweise von Insekten und nicht mechanisch übertragen werden. Dazu muß das Genom der betreffenden Viren oder Viroide Bestandteil der T-DNA werden. Die T-Strang-Synthese und der Transfer der T-DNA in die Pflanzenzelle laufen trotz der Virus-DNA normal ab. Die Integration der Virus-DNA konnte noch nicht nachgewiesen werden. Ganz offensichtlich ist dieser Schritt auch nicht entscheidend, denn in der Pflanze bilden sich aus der Virus-DNA neue Viren, die sich anschließend in der Pflanze ausbreiten [1].

Aus zwei Gründen soll Agroinfektion dennoch hier Erwähnung finden: Erstens konnten Viren inzwischen mehrfach durch Agroinfektion in verschiedene Getreide übertragen werden [2–5]. Damit ist bewiesen, daß zumindest die Bildung der T-DNA und ihr Transport in den Mais und Weizen normal ablaufen. Und zweitens gelang beim Mais der Nachweis, daß Agroinfektion nur bei meristematischem Gewebe optimal ist [6]. Diese Beobachtung ist wichtig, wenn *Agrobacterium* in Zukunft routinemäßig zur Transformation von Getreide benutzt werden soll. Man darf aber nicht vergessen, daß die Agroinfektion eine sehr empfindliche Meßmethode ist: Schon wenige Virusmoleküle reichen aus, um eine ganze

Pflanze zu infizieren, weil sich die Viren ja ständig weitervermehren [4]. Wenn man nun die Viren auf gentechnischem Wege zu Expressionsvektoren umgestaltet, bietet Agroinfektion die Möglichkeit, Gene in Pflanzen zur Expression zu bringen, ohne sie vorher ins Pflanzengenom zu integrieren. Das Ganze ähnelt der transienten Genexpression (Kapitel 1.4), aber hier kommen noch die Eigenschaften des Virus hinzu, die das Gen ständig vermehren und es in der Pflanzen ausbreiten. Die Chancen und Risiken der sogenannten episomalen Expressionsvektoren auf Virusbasis wurden in der Literatur schon eingehend diskutiert [7–10].

Literatur

[1]   Grimsley, N.; Hohn, B.; Hohn, T.; Walden, R. (1986) *Proc. Natl. Acad. Sci. USA* **83**, 3282–3286.

[2]   Donson, J.; Gunn, H. V.; Woolston, C. J.; Pinner, M. S.; Boulton, M. I.; Mullineaux, P. M.; Davies, J. W. (1988) *Virology* **162**, 248–250.

[3]   Grimsley, N.; Hohn, B.; Ramos, C.; Kado, C.; Rogowsky, P. (1989) *Mol. Gen. Genet.* **217**, 309–316.

[4]   Shen, W.-H.; Hohn, B. (1994) *The Plant J.* **5**, 227–236.

[5]   Grimsley, N.; Ramos, C.; Hein, T.; Hohn, B. (1988) *Bio/Technology* **6**, 185–189.

[7]   Ahlquist, P.; Pacha, R. F. (1990) *Physiol. Plant.* **79**, 163–167.

[8]   Joshi, R. L.; Joshi, V.; Ow, D. W. (1990) *EMBO J.* **9**, 2663–2669.

[9]   Hohn, T.; Goldbach, R. (1993) In: Webster, R. G.; Granoff, A. (Hrsg.) *Encyclopaedia of Virology* **224**. Saunders Scientific, London.

[10] Mullineaux, P. M.; Davies, J. W. Q.; Woolston, C. J. (1992) In: Wilson, T. M. A.; Davies J. W. (Hrsg.) *Genetic Engineering with Plant Viruses*. CRC Press, Boca Raton, Florida.

7.

Ziele der angewandten Gentechnik

Einer der ersten und wichtigsten Gründe, transgene Pflanzen herzustellen, ist das wissenschaftliche Interesse an Genstrukturen und Genregulation in Pflanzen, denn im Vergleich zum Wissensstand bei Prokaryoten und tierischen Zellen ist immer noch ein erheblicher Nachholbedarf vorhanden. Die dabei gewonnenen neuen Erkenntnisse lassen sich auf viele andere Fragestellungen übertragen. Das hat in den letzten Jahren zur Aufsplitterung in zahlreiche abgegrenzte Arbeitsgebiete geführt und auch zu einer großen Zahl von Veröffentlichungen, die aber alle in irgendeiner Form etwas mit transgenen Pflanzen zu tun haben. Erleichtert wurde diese Entwicklung seit 1983 durch immer effizientere Transformationsmethoden, durch ständigen Fortschritt in der Gewebekultur von Nutzpflanzen und nicht zuletzt durch immer neue gentechnische Verfahren. Die folgenden Abschnitte können und sollen deshalb aus Platzgründen die aktuellen Entwicklungen nur andeuten. Zur Vertiefung wird auf empfehlenswerte Literatur hingewiesen.

7.1 Transgene Pflanzen in der Grundlagenforschung

Das zentrale Ereignis bei der Transformation von Pflanzen ist die stabile Integration der klonierten DNA in das Pflanzengenom. Dieser ganze Prozeß geschieht bei Pflanzen immer noch mehr oder weniger unkontrolliert. Deshalb besteht die Aufgabe der nächsten Zeit darin, zu lernen, wie man Gene gezielt durch Rekombination austauscht. Das ist bei Mäusen heute schon möglich [1–3]. Gentechnik an Pflanzen hinkt erfahrungsgemäß immer einige Jahre hinterher. Aber es gibt schon erste experimentelle Hinweise, daß die bei Mäusen gewonnenen Erkenntnisse auch auf Pflanzen übertragbar sind [4–6].

Ein zweites wichtiges Arbeitsgebiet der nächsten Jahre läßt sich mit dem Fachbegriff *gene silencing* beschreiben. Dahinter verbirgt sich eine ganze Reihe von nicht verstandenen Experimenten, die alle eines gemeinsam haben: das übertragene Gen ist inaktiv. Hier besteht erheblicher Nachholbedarf. Die Ursachen für dieses Phänomen müssen möglichst bald geklärt werden, weil sonst die Glaubwürdigkeit von Experimenten auf der Basis transgener Pflanzen oftmals in Frage zu stellen ist [7–9].

Von der ganzen Entwicklung rund um die Transformation von Pflanzen hat das Forschungsgebiet der Pflanzenhormone mit am meisten profitiert. Synthesewege, Regulation und Funktion einiger Hormone ließen sich mit transgenen Pflanzen erfolgreich untersuchen [10–13]. Auch pflanzenphysiologische Aspekte wie die Assimilatverteilung zwischen Syntheseort (*source*) und Verbrauchs- bzw. Speicherort (*sink*) konnten mit transgenen Pflanzen unter einem ganz anderen Blickwinkel als bisher bearbeitet werden [14, 15]. Transgene Pflanzen haben sich aber auch in anderen botanischen Arbeitsbereichen stimulierend auf den Fortgang der Forschungsarbeiten ausgewirkt.

Die Identifizierung neuer Gene wird durch transgene Pflanzen erleichtert. *Gene tagging* heißt dieses neue Arbeitsgebiet. Man hat mittlerweile einige sehr effektive Methoden entwickelt, um Gene und regulierende DNA-Abschnitte zu markieren (taggen). Hier wären die transponierbaren Elemente sowie die T-DNA von *Agrobacterium tumefaciens* zu nennen [16, 17].

Dieser Abschnitt soll mit einigen Worten zu einer Technik enden, die ganz hervorragende Resultate mit transgenen Pflanzen erzielt hat, nämlich die Antisense-Strategie. In Abbildung 7.1 ist der Grundmechanismus dargestellt. Eine Publikation aus dem Jahre 1985 trägt den bezeichnenden Titel „Turning off unwanted genes with anti-RNA!". Tatsächlich beweisen zahlreiche Experimente, daß man damit gezielt Genaktivität reduzieren kann [18–20]. Allerdings ist die Idee nicht so sensationell neu, denn in der Natur kann Genaktivität ebenfalls auf diese Art und Weise reguliert werden [21].

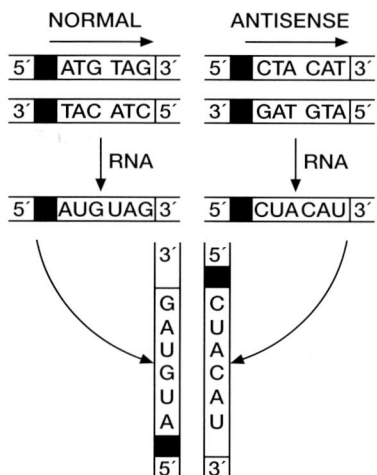

7.1 Die Antisense-Strategie (schematisch). Ziel dieser Methode ist es, die Aktivität eines Gens zu reduzieren oder sogar völlig zu blockieren. Dazu benötigt man ein künstliches Gen, dessen RNA komplementär zur RNA des unerwünschten Gens ist. Folglich paaren sich beide RNA-Moleküle. Es entsteht eine doppelsträngige RNA, die biologisch inaktiv ist. Im vorliegenden Beispiel wurde zur Vereinfachung ein Gen konstruiert, das nur aus einem Start- (ATG) und einem Stopcodon (TAG) besteht. Man sieht dadurch, daß die Codons im 5′-3′-Antisense-Konstrukt im Vergleich zum 3′-5′-Strang des zu unterdrückenden Gens gegensinnig (*antisense*) angeordnet sind. ■ = Promotor.

Literatur

[1]   Capecchi, M. R. (1994) *Spektrum der Wissenschaft,* Mai, 44–52.

[2]   Melton, D. W. (1994) *BioEssays* **16**, 633–638.

[3]   Araki, K.; Araki, M.; Miyazaki, J.-I.; Vassalli, P. (1995) *Proc. Natl. Acad. Sci. USA* **92**, 160–164.

[4]   Hrouda, M.; Paszkowski, J. (1994) *Mol. Gen. Genet.* **243**, 106–111.

[5]   Ow, D. W.; Medberry, S. L. (1995) *Critical Review in Plant Sciences* **14**, 239–261.

[6]   Morton, R.; Hooykaas, P. J. J. (1995) *Mol. Breeding* **1**, 123–132.

[7]   Kooter, J. M.; Mol, J. N. M. (1993) *Curr. Opin. Biotechnol.* **4**, 166–171.

[8]   Dougherty, W. G.; Parks, T. D. (1995) *Curr. Opin. Cell Biol.* **7**, 399–405.

[9]   Paszkowski, J. (Hrsg.) (1994) *Homologous Recombination and Gene Silencing in Plants.* Kluwer Academic Publishers, Dordrecht.

[10] Binns, A. N. (1994) *Annu. Rev. Plant Physiol. Plant Mol. Biol.* **45**, 173–196.

[11] Klee, H. J.; Romano, C. P. (1994) *Critical Reviews in Plant Sciences* **13**, 311–324.

[12] Barbier-Brygoo, H. (1995) *Critical Reviews in Plant Sciences* **14**, 1–25.

[13] Napier, R. M.; Venis, M. A. (1995) *New Phytol.* **129**, 167–201.

[14] Stitt, M. (1994) *Curr. Opin. Biotechnol.* **5**, 137–143.

[15] Zrenner, R.; Salanoubat, M.; Willmitzer, L.; Sonnewald, U. (1995) *The Plant J.* **7**, 97–107.

[16] Walden, R.; Hayashi, H.; Schell, J. (1991) *The Plant J.* **1**, 281–288.

[17] Fitzmaurice, W. P.; Lehman, L. J.; Nguyen, L. V.; Thompson, W. F.; Wernsman, E. A.; Conkling, M. A. (1992) *Plant Mol. Biol.* **20**, 177–198.

[18] Wagner, R. W. (1994) *Nature* **372**, 333–335.

[19] Whitton, J. L. (1994) *Adv. Virus Res.* **44**, 267–303.

[20] Bourque, J. E. (1995) *Plant Science* **105**, 125–149.

[21] Simons, R. W. (1988) *Gene* **72**, 35–44.

7.2   Virusresistenz

Viruskrankheiten verursachen erhebliche Ausfälle in der Pflanzenproduktion. Sie zu verringern oder sogar ganz zu vermeiden, ist deshalb ein vorrangiges Ziel der Züchtungsforschung. Wir kennen heute weit über 700 pflanzenpathogene Viren [1]. Es gibt wohl kaum eine Kulturpflanzenart ohne Viren. Die Gerste kann zum Beispiel weltweit von etwa 23 verschiedenen Viren befallen werden. Im Gegensatz zu pilzlichen und tierischen Schaderregern lassen sich Viren nicht wirkungsvoll direkt mit Chemikalien bekämpfen. Statt dessen ist man auf traditionelle Maßnahmen wie Fruchtwechsel, Saatgutbehandlung, Beseitigung von Unkraut und Pflanzenabfällen sowie Anbau von resistenten Sorten angewiesen [2–4]. Manchmal lohnt es sich auch, mit Pestiziden die Virusüberträger zu bekämpfen. Da die Pflanzenzüchter nicht immer auf geeignete Resistenzgene zurückgreifen oder Resistenzen durch Kreuzen beliebig kombinieren können und da durch intensive Landwirtschaft bewährte Resistenzen oft durch mutierte Viren wirkungslos werden, könnte die Gentechnik hier in Zukunft einen wirkungsvollen Beitrag leisten.

Im Jahr 1986 wurde ein gentechnisch veränderter Tabak vorgestellt, der in seinen Zellen das Hüllprotein des Tabakmosaikvirus herstellt und auf dieses Weise gegen eine Virusinfektion wirkungsvoll geschützt ist [5]. Drei Umstände haben zum Gelingen dieses bahnbrechenden Experiments beigetragen: Erstens war schon seit langem bekannt, daß Pflanzen nach einer Infektion mit einem schwach pathogenen Virus keine Befallssymptome mehr entwickeln, wenn sie anschließend mit einem stark pathogenen Stamm infiziert werden. Der Mechanismus dieser Kreuzresistenz (*cross protection*) ist noch nicht zweifelsfrei aufgeklärt. Jedoch wird dieses Phänomen seit Jahren unter anderem im biologischen Pflanzenschutz von Gurken mit Erfolg eingesetzt. Zweitens kannte man bereits damals die RNA-Sequenz des Tabakmosakvirus, und drittens war *Agrobacterium tumefaciens* als Genfähre für Tabak gerade etabliert (Kapitel 6). Viele weitere Experimente haben bewiesen, daß transgene Pflanzen durch Expression des Hüllproteins erfolgreich gegen das zugehörige Virus geschützt sind [6]. In einigen Fällen wirkt dieses Prinzip auch gegen mehrere unterschiedliche Viren zugleich [7, 8]. Es wurde aber auch schon berichtet, daß trotz respektabler Mengen von Hüllprotein kein Schutz entstand. Sehr nützlich scheinen andererseits aber auch gentechnisch veränderte Hüllproteingene zu sein, bei denen große Teile der codierenden Region entfernt wurden [9, 10] oder deren mRNA nicht translatierbar war, das heißt, es bildete sich gar kein Hüllprotein mehr [11]. Diese widersprüchlichen Resultate lassen eigentlich nur noch den Schluß zu, daß das Hüllprotein selbst keine schützende Funktion ausübt. Vielmehr scheint es einen noch nicht näher bekannten Schutzmechanismus auf RNA-Ebene zu geben, der vielleicht sogar allgemeiner Natur ist und gentechnisch veränderte Pflanzen vor vielen Viruserkrankungen schützen könnte [12, 13].

In den letzten Jahren wurde eine ganze Reihe weiterer antiviraler Strategien entwickelt und in transgenen Pflanzen getestet. Voraussetzung war, daß man zumindest einen Teil des Virusgenoms kannte [14–16]. Besonders konzentrierte man sich auf die Enzyme, welche die Schlüsselfunktion bei der Virusvermehrung (Replikation) innehaben, nämlich die Replikasen. Bei Potyviren – zu ihnen gehören die Mehrzahl der Pflanzenviren – weisen ihre Sequenzen sehr viel mehr Ähnlichkeiten auf als die anderer Virusproteine. Das berechtigt natürlich zu der Hoffnung, daß Resistenzstrategien, die auf eine Blockierung der Replikasen abzielen, breite Anwendung finden könnten. Wie beim Hüllprotein stellte sich auch hier bald heraus, daß transgene Pflanzen gegen Virusbefall geschützt sind, wenn sie die entsprechende Replikase vollständig oder auf gentechnischem Wege verändert exprimieren [17–19].

Das Tabakmosaikvirus (TMV) codiert ein Protein, welches die Kanäle zwischen den einzelnen Zellen (Plasmodesmen) auskleidet, ihren Quer-

schnitt vergrößert und beim Transport der Viren von Zelle zu Zelle eine
wichtige Rolle spielt. Stellt man nun transgene Pflanzen her, die ein Trans-
portprotein bilden können, welches zwar die Plasmodesmen auskleidet,
aber alle anderen Funktionen nicht mehr ausüben kann, dann wandert das
Tabakmosaikvirus nicht mehr von Zelle zu Zelle, weil für sein Transport-
protein alle Kontaktstellen in den Plasmodesmen besetzt sind [20]. Dieses
grundlegende Experiment läßt sich auch auf jede andere Viruskrankheit
übertragen, denn ohne Viruswanderung gibt es keine Erkrankung.

Virusresistenz auf der Basis viraler Proteine in transgenen Pflanzen ist
heute in der Öffentlichkeit umstritten. Das wichtigste wissenschaftliche
Gegenargument ist sicherlich die Möglichkeit, daß zum Beispiel die stän-
dige Anwesenheit von Hüllprotein die Pathogenität, den Wirtsbereich
oder die Vektorakzeptanz von anderen Viren nachteilig verändern könnte
[21, 22]. Weniger überzeugend, aber dennoch immer wieder durch die
Medien verbreitet, sind Warnungen vor Allergien oder Qualitätsverände-
rungen durch das Virushüllprotein. Dabei wird übersehen, daß wir mit
unserer Nahrung ständig Viren und demzufolge auch ihre Proteine aufnehmen und daß der Hüllproteingehalt in den transgenen Pflanzen in der
Regel niedriger als in ungeschützten Kontrollpflanzen ist. Außerdem
kann die Gentechnik heute bereits Expressionsvektoren (Abschnitt 1.3)
so aufbauen, daß das gewünschte Genprodukt erst nach Pathogenbefall
und dann ausschließlich in den zu schützenden Geweben gebildet wird
oder daß es überhaupt nicht mehr zur Bildung von Proteinen kommt, weil
die hemmende Wirkung auf RNA-Ebene erfolgt. Dennoch hat die anhal-
tende Kritik dazu geführt, daß andere antivirale Strategien mehr und mehr
in den Mittelpunkt des Interesses gerückt sind.

Pflanzen haben kein Immunsystem. Deshalb bilden sie auch keine Antikörper gegen Virusproteine. Will man dennoch diese Art von Abwehrreaktion nutzen, muß man transgene Pflanzen erzeugen, die pflanzeneigene
Antikörper (*plantibodies*) herstellen können. Das ist tatsächlich gelungen,
und es wird sich bald zeigen, ob diese Strategie praxisreif wird [23, 24].
Auf jeden Fall bilden Pflanzen in der Natur nach einer Virusinfektion
sogenannte Abwehrproteine (*pathogenesis related proteins*, PR-Proteine),
die auch von anderen Pathogenen und vielfältigen Streßsituationen indu-
ziert werden können [25]. Es gibt Hinweise, daß diese Proteine tatsächlich Viruserkrankungen vorbeugen können, wenn sie in der Pflanze vor
der Viruserkrankung vorhanden sind. Um das zu erreichen, besprüht man
die zu schützenden Pflanzen vorbeugend mit bestimmten Chemikalien
oder schwach pathogenen Mikroorganismen. Man spricht dann von einer
induzierten Resistenz [26]. Auch Pflanzen, die mit Streßproteingenen
transformiert wurden, waren virusresistent.

Es gibt Pflanzen wie *Phytolacca americana*, die sich von Natur aus sehr effektiv gegen viele Viren schützen können. Das geschieht in diesem Fall durch Synthese eines sehr toxischen Proteins, welches in den Zellwänden abgelagert wird, ohne die Pflanze selbst zu vergiften. Verletzt nun ein virusübertragendes Insekt Zellwände, um Phloemsaft zu saugen, kann dieses Protein in die Zellen eindringen und dort die Ribosomen zerstören. Damit findet in diesen Zellen keine Proteinsynthese mehr statt, und sie sterben ab [27]. Sogenannte antivirale Proteine sind in der Natur weit verbreitet [28, 29], und es wird sich noch zeigen müssen, ob sie außer transgenem Tabak auch andere Kulturpflanzen wirksam gegen Viren schützen können [30].

Literatur

[1]   Matthews, R. E. F. (Hrsg.) (1991) *Plant Virology*. Academic Press, New York.

[2]   Kegler, H.; Kleinhempel, H. (Hrsg.) (1987) *Virusresistenz der Pflanzen*. Akademie-Verlag, Berlin.

[3]   Spaar, D.; Kleinhempel, H. (Hrsg.) (1987) *Bekämpfung von Viruskrankheiten der Kulturpflanzen*. VEB Deutscher Landwirtschaftsverlag, Berlin.

[4]   Kegler, H.; Friedt, W. (Hrsg.) (1993) *Resistenz von Kulturpflanzen gegen pflanzenpathogene Viren*. Gustav Fischer Verlag, Jena.

[5]   Powell Abel, P.; Nelson, R.; De, B.; Hoffman, H.; Rogers, S.; Fraley, R.; Beachy, R. (1986) *Science* **232**, 738–743.

[6]   Beachy, R. N.; Loesch-Fries, S.; Tumer, N. E. (1990) *Annu. Rev. Phytopathol.* **28**, 451–478.

[7]   Nejidat, A.; Beachy, R. N. (1990) *Molec. Plant-Microbe Interactions* **3**, 247–251.

[8]   Namba, S.; Ling, K.; Gonsalves, C.; Slighton, J. L.; Gonsalves, D. (1992) *Phytopathology* **82**, 940–946.

[9]   Lindbo, J. A.; Dougherty, W. G. (1992) *Molec. Plant-Microbe Interactions* **5**, 144–153.

[10] Silva-Rosales, L.; Lindbo, J. A.; Dougherty, W. G. (1994) *Plant Mol. Biol.* **24**, 929–939.

[11] Lindbo, J. A.; Dougherty, W. G. (1992) *Virology* **189**, 725–733.

[12] Dougherty, W. G.; Lindbo, J. A.; Smith, H. A.; Parks, T. D.; Swaney, S.; Proebsting, W. M. (1994) *Molec. Plant-Microbe Interactions* **7**, 544–552.

[13] Mueller, E.; Gilbert, J.; Davenport, G.; Brigneti, G.; Baulcombe, D. C. (1995), *The Plant J.* **7**, 1001–1013.

[14] Wilson, T. M. A. (1993) *Proc. Natl. Acad. Sci. USA* **90**, 3134–3141.

[15] Steinbiß, H.-H.; Friedt, W. (1994) *Bioscope* **1**, 22–25.

[16] Baulcombe, D. (1994) *Current Opinion in Biotechnology* **5**, 117–124.

[17] Longstaff, M.; Brigneti, G.; Boccard, F.; Chapman, S.; Baulcombe, D. (1993) *EMBO J.* **12**, 379–386.

[18] Donson, J.; Kearney, C. M.; Turpen, T. H.; Khan, I. A.; Kurath, G.; Turpen, A. M.; Jones, G. E.; Dawson, W. O.; Lewandowski, D. J. (1993) *Molec. Plant-Microbe Interactions* **6**, 635–642.

[19] Carr, J. P.; Gal-On, A.; Palukaitis, P.; Zaitlin, M. (1994) *Virology* **199**, 439–447.

[20] Lapidot, M.; Gafny, R.; Ding, B.; Wolf, S.; Lucas, W. J.; Beachy, R. N. (1993) *The Plant J.* **4**, 959–970.

[21] Bourdin, D.; Lecoq, H. (1991) *Phytopathology* **81**, 1459–1464.

[22] Lecoq, H.; Ravelonandro, M.; Wipf-Scheibel, C.; Monsion, M.; Raccah, B.; Dunez, J. (1993) *Molec. Plant-Microbe Interactions* **6**, 403–406.

[23] Tavladoraki, P.; Benvenuto, E.; Trinca, S.; De Martinis, D.; Cattaneo, A.; Galeffi, P. (1993) *Nature* **366**, 469–472.

[24] Conrad, U.; Fiedler, U. (1994) *Plant Mol. Biol.* **26**, 1023–1030.

[25] Bol, J. F.; Linthorst, H. J. M.; Cornelissen, B. J. C. (1990) *Annu. Rev. Phytopathol.* **28**, 113–138.

[26] Sequeira, L. (1983) *Annu. Rev. Microbiol* **37**, 51–79.

[27] Bonness, M. S.; Ready, M. P.; Irvin, J. D.; Mabry, T. J. (1994) *The Plant J.* **5**, 173–183.

[28] Verma, H. N.; Dwivedi, S. D. (1984) *Physiol. Plant Pathol.* **25**, 93–101.

[29] Ikeda, T.; Takanami, Y.; Imaizumi, S.; Matsumoto, T.; Mikami, Y.; Kubo, S. (1987) *Plant Cell Rep.* **6**, 216–218.

[30] Lodge, J.; Kaniewski, W.; Tumer, N. E. (1993) *Proc. Natl. Acad. Sci. USA* **90**, 7089–7093.

7.3   Insektenresistenz

Pflanzen haben im Laufe ihrer Entwicklungsgeschichte Eigenschaften erworben, die auf Insekten abschreckend wirken. Dazu zählen starke Behaarung, derbe Abschlußschichten, klebrige Ausscheidungen oder Ansammlungen von Produkten des Sekundärstoffwechsels in ihren Vakuolen. Diese Pflanzen sind deshalb für Insekten wenig schmackhaft oder sogar giftig. Wahrscheinlich wirken mehrere dieser Faktoren zusammen. Daß es aber auch Insekten gibt, die sich von diesen Errungenschaften wenig beeindruckt zeigen, sieht man an den mehr oder weniger regelmäßig wiederkehrenden Heuschreckenplagen in Afrika. Für gentechnische Ansätze hat es wenig Sinn, diese Abwehrmechanismen noch zu verstärken, denn pflanzliche Produkte sollen ja auch für uns Menschen immer noch schmackhaft bleiben, was bei einem erhöhten Verzehr vieler sekundärer Pflanzenstoffe nicht mehr gewährleistet ist. Ideal wären also transgene Pflanzen, deren neu erworbenen Produkte ausschließlich für Insekten giftig sind.

Seit mehr als 30 Jahren werden Präparate von *Bacillus thuringiensis* in der biologischen Schädlingsbekämpfung eingesetzt. Dieses Bakterium bildet nämlich während der Sporulation (Vermehrung) ein für Insekten giftiges Protein (Endotoxin), welches im Bakterium in inaktiver Form als Kristall abgelagert wird. Je nach Bakterienstamm sind diese Endotoxine verschieden aufgebaut und wirken auch ganz unterschiedlich stark gegen bestimmte Insektengruppen (Käfer, Schmetterlinge, Fliegen). Da man inzwischen viele hundert Endotoxine von *Bacillus thuringiensis* kennt, ist zunächst für jeden Anwendungsfall zu prüfen, ob sich unter ihnen schon ein wirksames Gift befindet. Ansonsten muß man weitere Bakterienstämme analysieren. Wenn das Endotoxin dann von sensitiven Insekten zusammen mit der Nahrung aufgenommen wird, verändert sich das bisher ungiftige Toxinmolekül im Darm chemisch in eine aktive Form und tötet das Insekt. Die Anwender der käuflichen Präparate beklagen die hohen Kosten, die geringe Stabilität und die mangelhafte Breitenwirkung. Immerhin decken B.t.-Präparate etwa ein Prozent des weltweiten Insektizidmarktes ab.

Man hat die Gene für mehrere Endotoxine kloniert, sequenziert und schon 1987 zum Transformieren von Tabak und Tomate verwendet [1–3]. Die transgenen Pflanzen bildeten nur geringe Mengen des Giftes, die aber völlig ausreichten, um zum Beispiel beim Tabak die sehr gefräßige Raupe (*tobacco hornworm*) des Schmetterlings *Manduca sexta* nach wenigen Tagen abzutöten. Auch bei der Baumwolle konnte ein wirksamer Schutz gegen die Raupen (*cotton bollworm*) von *Heliothis zea* aufgebaut werden. Ähnlich ging man gegen den Kartoffelkäfer (*Colorado beetle, Leptinotarsa decemlineata*) vor [5]. Viele Experimente mit transgenen Pflanzen haben inzwischen bestätigt, daß diese Art von Insektenschutz wirksam und dauerhaft sein kann [4–7].

Vereinzelt wurden nach langjährigem und intensivem Gebrauch von sporenhaltigen Präparaten in Lagerhäusern resistente Insekten beobachtet [8]. Das gab Anlaß zu Befürchtungen, daß auch bei großflächigem Anbau transgener Pflanzen mit einem permanent hohen Gehalt an Endotoxin Ähnliches passieren könnte [9]. Es wurden deshalb neue Strategien entwickelt. Eine Zielrichtung betraf den Promotor des Endotoxingens. Gesucht wurden Promotoren, die erst auf ein bestimmtes äußeres Signal hin das Toxingen aktivieren, zum Beipiel wenn das Blatt angefressen wird oder wenn der Landwirt eine bestimmte Chemikalie auf die Pflanzen sprüht [10–12]. Ein anderer Ansatz leitet sich aus der Beobachtung ab, daß die verschiedenen Endotoxine im Darm der Insekten nur an ganz bestimmte Rezeptorstellen binden und daß dafür im Protein ein eng begrenzter Abschnitt verantwortlich ist. Wenn man derartige Bereiche aus mehreren Endotoxinen kombiniert, vergrößert sich zwangsläufig der Wirkungsbereich des Toxins, und gleichzeitig verringert sich die Gefahr, resistente Insekten zu selektionieren [9, 13, 14].

Ganz aktuell ist der Versuch, Plastiden mit Endotoxingenen zu transformieren [15], weil man glaubt, daß Plastiden nicht durch Pollen übertragen werden, so daß dieses Gen sich nicht unkontrolliert ausbreiten kann. Dieser Aspekt spielt eine wichtige Rolle bei der Risikobewertung von Freisetzungsexperimenten (Abschnitt 8.3). Nach neueren Untersuchungen kann jedoch bei einigen wichtigen Kulturpflanzen (zum Beispiel Luzerne, Karotte, Roggen, Pennisetum-Hirse, Tabak, Erbse, Kartoffel, Bohne, Reis) die Plastidenübertragung durch Pollen nicht immer ausgeschlossen werden [16].

Viele Pflanzen bilden nach Verwundungen, Pilz- oder Insektenbefall sehr rasch sogenannte Proteaseinhibitoren, die ganz speziell die proteinabbauenden Enzyme (Proteasen) von Tieren und Mikroorganismen hemmen. Die betroffenen Organismen nehmen die Inhibitoren mit der Nahrung auf, können dann die Nahrung nicht mehr ausreichend verdauen und „verhungern". Die Synthese der Inhibitoren findet aber nicht nur in unmittelbarer Nähe der jeweiligen Fraßstelle statt, sondern auch in anderen Pflanzenteilen. Man spricht deshalb auch von einer systemischen Induktion und glaubt sogar eine Substanz (Systemin) gefunden zu haben, die sich in der Pflanze ausbreitet und auch die Abwehrreaktion in den nicht betroffenen Pflanzenteilen einleitet [17]. Transgene Tabak-, Luzerne- und

Kartoffelpflanzen ließen sich durch Expression von Proteaseinhibitoren wirkungsvoll gegen Insektenfraß schützen [18–20]. Für eine breite Anwendung dieser Strategie spricht, daß die Proteaseinhibitoren nicht auf einzelne Insektengruppen fixiert sind und daß sie beim Kochen zerstört werden. Außerdem sind sie ja schon von Natur aus in unseren Nahrungsmitteln vorhanden, zum Teil sogar in einer wesentlich höheren Konzentration als in transgenen Pflanzen. Allerdings wäre auch hier anzuraten, einen induzierbaren oder streng organspezifischen Promotor zu nehmen, damit nicht durch den ständig hohen Gehalt an Inhibitoren nützliche Insekten oder andere Tiere unnötig in Gefahr gebracht werden.

Literatur

[1]   Barton, K. A.; Whiteley, H. R.; Yang, N.-S. (1987) *Plant Pysiol.* **85**, 1103–1109.

[2]   Vaeck, M.; Reynaerts, A.; Höfte, H.; Jansens, S.; De Beuckeleer, M.; Dean, M.; Zabeau, C.; Van Montagu, M.; Leemans, J. (1987) *Nature* **328**, 33–37.

[3]   Fischhoff, D.; Bowdish, K.; Perlak, F.; Marrone, P.; McCormick, S.; Niedermeyer, J.; Dean, D.; Kusano-Kretzmer, K.; Mayer, E.; Rochester, E.; Rogers, G.; Fraley, R. (1987) *Bio/Technology* **5**, 807–813.

[4]   Perlak, F. J.; Deaton, R.; Armstrong, T.; Fuchs, R.; Sims, S.; Greenplate, J.; Fischhoff, D. (1990) *Bio/Technology* **8**, 939–943.

[5]   Perlak, F. J.; Stone, T. B.; Muskopf, Y. M.; Petersen, L. J.; Parker, G. B.; McPherson, S. A.; Wyman, J.; Love, S.; Reed, G.; Biever, D.; Fischhoff, D. A. (1993) *Plant Mol. Biol.* **22**, 313–321.

[6]   Armstrong, C. L.; Parker, G. B.; Pershing, J. C.; Brown, S. H. et al. (1995) *Crop. Sci.* **35**, 550–557.

[7]   Parrott, W. A.; All, J. N.; Adang, M. J.; Bailey, M. A.; Boerma, H. R.; Stewart, C. N. (1994) *In Vitro Cell Dev. Biol.* **30P**, 144–149.

[8]   Van Rie, J.; McGaughey, W. H.; Johnson, D. E.; Barnett, B. D.; Van Mellaert, H. (1990) *Science* **247**, 72–74.

[9]   Van der Salm, T.; Bosch, D.; Honée, G.; Feng, L.; Munsterman, E.; Bakker, P.; Stiekema, W. J.; Visser, B. (1994) *Plant Mol. Biol.* **26**, 51–59.

[10] Thornburg, R. W.; Kernan, A.; Molin, L. (1990) *Plant Physiol.* **92**, 500–505.

[11] Williams, S.; Friedrich, L.; Dincher, S.; Carozzi, N.; Kessman, H.; Ward, E.; Ryals, J. (1992) *Bio/Technology* **10**, 540–543.

[12]   Bosch, D.; Schipper, B.; van der Kleij, H.; de Maagd, R. A.; Stie-
        kema, W. J. (1994) *Bio/Technology* **12**, 915–918.

[13]   Andrup, L.; Damgaard, J.; Wassermann, K.; Boe, L.; Madsen, S.
        M.; Hansen, F. G. (1994) *Plasmid* **31**, 72–88.

[14]   Chestukhina, G. G.; Kostina, L. I.; Zalunin, I. A.; Revina, L. P.;
        Mikhailova, A. L.; Stepanov, V. M. (1994) *Can. J. Microbiol.* **40**,
        1026–1034.

[15]   McBride, K. E.; Svab, Z.; Schaaf, D. J.; Hogan, P. S.; Stalker, D.
        M.; Maliga, P. (1995) *Bio/Technology* **13**, 362–365.

[16]   Reboud, X.; Zeyl, C. (1994) *Heredity* **72**, 132–140.

[17]   Pearce, G.; Strydom, D.; Johnson, S.; Ryan, C. A. (1991) *Science*
        253, 895–898.

[18]   An, G.; Johnson, R.; Narvaez, J.; Ryan, C. A. (1989) *Proc. Natl.
        Acad. Sci. USA* **86**, 9871–9875.

[19]   Ryan, C. A. (1990) *Annu. Rev. Phytopathol.* **28**, 425–449.

[20]   Thomas, J. C.; Wasmann, C. C.; Echt, C.; Dunn, R. L.; Bohnert, H.
        J.; McCoy, T. J. (1994) *Plant Cell Rep.* **14**, 31–36.

7.4   Pilzresistenz

Die Pflanzen besitzen im Gegensatz zu Tieren kein Immunsystem. Sie
wehren sich deshalb auf ganz andere Art gegen potentielle Krankheitserreger. Im einfachsten Fall reichen besonders ausgestaltete Blattoberflä-
chen und erhöhte Verholzung der Zellwände völlig aus. Auch lösen
Krankheitserreger jeder Art, Chemikalien und Streßsituationen in der betroffenen Pflanzenzelle sehr komplexe Stoffwechselreaktionen aus, die
ebenfalls der Abwehr dienen und in den letzten Jahren sehr intensiv
erforscht wurden [1–3]. So versucht die Pflanzenzelle zum Beispiel, das
Eindringen von Pilzhyphen durch Ablagerung frisch gebildeter Kallose
[4] oder durch chemische Vernetzung von Zellwandproteinen [5] zu verhindern. Die Zellwände werden dadurch viel widerstandsfähiger. In anderen Fällen häufen sich rund um den Infektionsherd toxische niedermolekulare Produkte des pflanzlichen Sekundärstoffwechsels an, die sogenannten Phytoalexine [6, 7]. Außerdem entsteht eine ganze Reihe von
Proteinen, denen man ebenfalls eine Funktion bei der Abwehr von Mikroorganismen und Bewältigung von Streßsituationen nachsagt [8–9]. Zu
ihnen zählen die sogenannten PR-Proteine (Abschnitt 7.2) wie zum Bei-

spiel Chitinasen [10]. In der Regel löst ein Reiz die Synthese von mehr als einem Dutzend PR-Proteinen aus. Dieser Vorgang ist unspezifisch: Eine Tabakpflanze reagiert auf das Anti-Schmerzmittel Aspirin genauso wie auf Befall von Tabakmosaikviren. Man sollte hier allerdings hinzufügen, daß Aspirin ein Derivat der Salicylsäure ist und man dieser Substanz eine wichtige Rolle in der Reizübertragung bei Pflanzen zuspricht [11]. Der Beitrag der Gentechnik zur Bekämpfung pathogener Pilze kann darin bestehen, natürliche Abwehrreaktionen gezielt zu verstärken.

Chitin (Poly-N-acetyl-D-glucosamin) ist ein wichtiger Bestandteil von Pilzzellwänden und kommt in Pflanzen nicht vor. Alle bisher bekannten pflanzlichen Chitinasen hat man aufgrund von Sequenzunterschieden in fünf Klassen eingeteilt [12]. Inzwischen konnte man mit ihnen auch transgene Pflanzen herstellen und dadurch beweisen, daß Vertreter einiger Klassen zur Bekämpfung von Pilzinfektionen geeignet sind; das gilt insbesondere dann, wenn man die Pflanzen gleichzeitig mit anderen PR-Proteingenen transformiert, zum Beispiel mit dem Gen für die β-1,3-Glucanase [13–17]. Dieses Enzym baut den Glucanbestandteil der Pilzzellwand ab.

Pflanzensamen enthalten zum Teil in sehr hohen Konzentrationen Proteine, die sie vor Mikroorganismen schützen sollen. Dazu gehören natürlich Chitinasen, β-1,3-Glucanasen und Hemmstoffe für Pilzproteinasen [18, 19]. Außerdem findet man Proteine, welche die Ribosomen von Pilzen schädigen und damit deren Proteinsynthese lahmlegen, die sogenannten RIPs (*ribosome inactivating proteins*). Inzwischen sind einige RIPs charakterisiert worden, von denen das Ricin aus dem Samen von *Ricinus communis* wegen seiner extremen Giftigkeit besonders bekannt wurde [20, 21]. Man wird also bei transgenen Pflanzen Wert darauf legen müssen, daß RIPs nur dann gebildet werden, wenn es tatsächlich nötig ist. Dies erreicht man durch pilzinduzierbare Promotoren [22].

In Maissamen fand man ein Protein (Zeamatin), das zur Abwehr von Pilzen beiträgt, indem es ihre Membranen schädigt [23, 24]. Aus den Samen des Rettichs wurde kürzlich ein anderes Protein isoliert, dessen pilzhemmende Wirkung man an transgenen Tabakpflanzen bestätigen konnte [25]. Die Rolle der Thionine aus den Zellwänden von Gerstenblättern [26] und der Stilbene aus Wein, Fichte und Erdnuß ist sicherlich noch nicht vollständig aufgeklärt, aber ihre Wirkung gegen bestimmte Pilze kann als abgesichert gelten [27, 28].

Die Liste der in der Natur vorkommenden und jetzt charakterisierten pilzabwehrenden Substanzen wird stetig größer. Damit stehen natürlich der Gentechnik immer neue Gene zur Transformation von Nutzpflanzen zur Verfügung. Aber nur durch mehrjährigen Anbau transgener Pflanzen kann geklärt werden, ob die hier skizzierten Wege tatsächlich zu einer lang anhaltenden Pilzresistenz führen und ob sich dabei irgendwelche Risiken für Menschen und Umwelt ergeben.

Literatur

[1]   Bell, A. A. (1981) *Annu. Rev. Plant Physiol.* **32**, 21–81.

[2]   Lamb, C. J.; Lawton, M. A.; Dron, M.; Dixon, R. A. (1989) *Cell* **56**, 215–224.

[3]   Collinge, D. B.; Slusarenko, A. J. (1987) *Plant Mol. Biol.* **9**, 389–410.

[4]   Aist, J. R. (1976) *Annu. Rev. Phytopathol.* **14**, 145–163.

[5]   Bradley, D. J.; Kjellbom, P.; Lamb, C. J. (1992) *Cell* **70**, 21–30.

[6]   Van Etten, H. D.; Matthews, D. E.; Matthews, P. S. (1989) *Annu. Rev. Phytopathol.* **27**, 143–164.

[7]   Maher, E. A.; Bate, N. J.; Ni, W.; Elkin, Y.; Dixon, R. A.; Lamb, C. J. (1994) *Proc. Natl. Acad. Sci. USA* **91**, 7802–7806.

[8]   Linthorst, H. J. M. (1991) *Crit. Rev. Plant Sci.* **10**, 123–150.

[9]   Bowles, D. (1990) *Annu. Rev. Biochem.* **59**, 873–907.

[10] Legrand, M.; Kauffmann, S.; Geoffroy, P.; Fritig, B. (1987) *Proc. Natl. Acad. Sci. USA* **84**, 6750–6754.

[11] Horvath, D. M.; Dua, N.-H. (1994) *Curr. Opin. Biotechnol.* **5**, 131–136.

[12] Melchers, L. S.; Apotheker-de Groot, M.; van der Knaap, J. A.; Ponstein, A. S.; Sela-Buurlage, M. B.; Bol, J. F.; Cornelissen, B. J. C.; van den Eltzen, P. J. M.; Linthorst, H. J. M. (1994) *The Plant J.* **5**, 469–480.

[13] Broglie, K.; Chet, I.; Holliday, M.; Cressman, R.; Biddle, P.; Knowlton, S.; Mauvais, C. J.; Broglie, R. (1991) *Science* **254**, 1194–1197

[14] Jach, G.; Logemann, S.; Wolf, G.; Oppenheim, A.; Chet, I.; Schell, J.; Logemann, J. (1992) *Biopractice* **1** , 33–40.

[15] Benhamou, N.; Broglie, K.; Chet, I.; Broglie, R. (1993) *The Plant Journal* **4**, 295–305.

[16] Zhu, Q.; Maher, E. A.; Masoud, S.; Dixon, R. A.; Lamb, C. J. (1994) *Bio/Technology* **12**, 807–812.

[17] Jach, G.; Görnhardt, B.; Mundy, J.; Logemann, J.; Pinsdorf, E.; Leah, R.; Schell, J.; Maas, C. (1995) *The Plant J.* **8**, 97–109.

[18] Darnetty, J. F. L.; Muthukrishnan, S.; Swegle, M.; Vigers, A. J.; Selitrennikoff, C. P. (1993) *Physiol. Plant.* **88**, 39–349.

[19] Cordero, M. J.; Raventos, D.; San Segundo, B. (1994) *The Plant J.* **6**, 141–150.

[20] Stirpe, F.; Barbieri, L.; Battelli, M. G.; Soria, M.; Lappi, D. A. (1992) *Bio/Technology* **10**, 405–412.

[21] Arias, F. J.; Rojo, M. A.; Iglesias, R.; Ferreras, J. M.; Girbes, T. (1993) *J. Exp. Bot.* **44**, 1297–1304.

[22] Logemann. J.; Jach, G.; Tommerup, H.; Mundy, J.; Schell, J. (1992) *Bio/Technology* **10**, 305–308.

[23] Roberts, W. K.; Selitrennikoff, C. P. (1990) *J. Gen. Microbiol.* **136**, 1771–1778.

[24] Vigers, A. J.; Roberts, W. K.; Selitrennikoff, C. P. (1991) *Molec. Plant-Microbe Interactions* **4**, 315–323.

[25] Terras, F. R. G.; Eggermont, K.; Kovaleva, V.; Raikhel, N. V.; Osborn, R. W.; Kester, A.; Rees, S. B.; Torrekens, S.; Van Leuven, F.; Vanderleyden, J.; Cammue, B. P. A.; Broekaert, W. F. (1995) *The Plant Cell* **7**, 573–588.

[26] Bohlman, H.; Apel, K. (1991) *Annu. Rev. Plant Physiol. Plant Mol. Biol.* **42**, 227–240.

[27] Hain, R.; Bieseler, B.; Kindl, H.; Schröder, G.; Stöcker, R. (1990) *Plant Mol. Biol.* **15**, 325–335.

[28] Fischer, R.; Hain, R. (1994) *Curr. Opin. Biotechnol.* **5**, 125–130.

7.5 Bakterien- und Nematodenresistenz

Heute kennt man weit über 400 bakteriell bedingte Pflanzenkrankheiten mit zum Teil erheblicher wirtschaftlicher Bedeutung. Die Auslöser sind vor allem verschiedene Arten beziehungsweise Stämme von *Erwinia*, *Pseudomonas*, *Xanthomonas* und *Agrobacterium* [1]. Bakterien können sehr leicht durch natürliche Öffnungen (Spaltöffnungen und Lentizellen) und Wunden in die Interzellularräume einer Pflanze eindringen. Dort vermehren sie sich und breiten sich anschließend aus. Eine wirksame Bekämpfung muß daher innerhalb der Pflanze stattfinden. Antibiotika als Pflanzenschutzmittel sind in Deutschland nicht erlaubt. Da auch keine anderen Bakterizide zugelassen und Kupferoxidpräparate oder schwermetallhaltige Fungizide nur beschränkt wirksam sind [2], bleiben nur noch vorbeugende Kulturmaßnahmen zur Bekämpfung übrig, wie Hygiene in den Betrieben, sorgfältiges Ernten und natürlich der Anbau von resistenten Sorten. Ist einmal eine Bakteriose ausgebrochen, kann man jedoch in einigen Fällen durch Meristemkulturen aus Sproßspitzen neue bakterienfreie Bestände aufbauen. Dies hat den nützlichen Nebeneffekt, daß die Pflanzen gleichzeitig virusfrei werden.

Im Interzellularraum haben die Bakterien engen Wandkontakt und befinden sich somit im unmittelbaren Einflußbereich aller Substanzen, die von lebenden Zellen ausgeschieden werden. Aus diesem Grund stattet man die antibakteriellen Proteine gentechnisch mit Signalsequenzen aus, die von der Zelle üblicherweise zum Ausschleusen von Proteinen in den Interzellularraum verwendet werden.

Im Hühnereiweiß findet man ein Enzym mit dem Namen Lysozym, welches zuverlässig Bakterienzellwände auflösen kann. Ähnlich wirkende Enzyme wurden auch aus Mikroorganismen (zum Beispiel T4-Phagen) und Pflanzen isoliert [3, 4]. Kartoffeln und Tabak, die mit dem Lysozymgen transformiert wurden, waren eindeutig gegen bestimmte Bakteriosen geschützt [5, 6]. Offensichtlich wirkt aber das Lysozym aus T4-Phagen besser gegen gramnegative Bakterien wie *Erwinia carotovora*, während Lysozym aus Hühnereiweiß gegen grampositive Bakterien wie *Clavibacter michiganense* und einige Pilze wie *Fusarium*, *Verticillium* und *Rhizoctonia* wirksamer ist [7]. Der Gedanke drängt sich auf, Pflanzen mit beiden Genen zu transformieren, um das Resistenzspektrum dadurch wesentlich zu verbessern.

Im Vergleich zur Bekämpfung von Viren, Insekten und Pilzen gibt es nur wenige gentechnische antibakterielle Strategien. Ermutigend sind Experimente mit einem eisenbindenden Protein aus der Milch (Lactoferrin) und einem Lipidtransportprotein aus Gerstenblättern. Beide Proteine sind antibakteriell wirksam [8, 9], aber in transgenen Pflanzen noch nicht erprobt worden.

Ähnlich wie bei den Bakteriosen liegt der Schwerpunkt bei der konventionellen Nematodenbekämpfung auf der Verhütung von Schäden und nicht auf der unmittelbaren Bekämpfung der Tiere im Freiland. Voraussetzung für die Anwendung von verschiedenen Abwehrstrategien ist die exakte Bestimmung und Erfassung der Nematoden. Veränderte Fruchtfolgen und Pflege von natürlichen Gegenspielern (Antagonisten) haben Aussichten auf Erfolg. Hinzukommen sollten verstärkte Anstrengungen zur Aufklärung der Physiologie von Nematoden und der biochemischen beziehungsweise molekularen Wechselwirkungen zwischen Nematoden und Pflanzen. Darauf kann die Gentechnik aufbauen und Strategien zur Bekämpfung der Nematoden entwerfen. Bisher gibt es aber noch keine transgenen Pflanzen mit wirksamer Nematodenresistenz.

Literatur

[1] Kleinhempel, H.; Naumann, K.; Spaar, D. (Hrsg.) (1989) *Bakterielle Erkrankungen der Kulturpflanzen.* VEB Gustav Fischer Verlag, Jena.

[2] Cooksey, D. A. (1990) *Annu. Rev. Phytopathol.* **28**, 201–219.

[3] Jolles, P.; Jolles, J. (1984) *Mol. Cell. Biochem.* **63**, 165–189.

[4] Düring, K. (1993) *Plant Mol. Biol.* **23**, 209–214.

[5] Düring, K.; Porsch, P.; Fladung, M.; Lörz, H. (1993) *The Plant J.* **3**, 587–598.

[6] Trudel, J.; Potvin, C.; Asselin, A. (1992) *Plant Science* **87**, 55–67.

[7] Trudel, J.; Potvin, C.; Asselin, A. (1995) *Plant Science* **106**, 55–62.

[8] Mitra, A.; Zhang, Z. (1994) *Plant Physiol.* **106**, 977–981.

[9] Molina, A.; Segura, A.; Garcia-Olmedo, F. (1993) *FEBS Lett.* **316**, 119–122.

7.6   Herbizidresistenz

Die Herbizide sind in der modernen Landwirtschaft unverzichtbare Hilfsmittel, die eine ökonomische Kontrolle von Unkräutern ermöglichen [1]. Auch im sogenannten „integrierten Pflanzenschutz" ist neben verschiedenen kulturtechnischen Maßnahmen der sparsame Gebrauch von Pflanzenschutzmitteln vorgesehen [2]. Eine Reihe von ganz neu entwickelten Herbiziden vereinigen in sich hohen Wirkungsgrad, Unschädlichkeit für Tiere und raschen Abbau im Boden. Allerdings wirken sie nicht selektiv, sondern schädigen alle Pflanzen, da sie bestimmte Schlüsselenzyme des Stoffwechsels ausschalten. Die Deutsche Bahn AG hält beispielsweise mit diesen Herbiziden die Gleisanlagen pflanzenfrei. Ein Landwirt dagegen wird sie nur spritzen, wenn er sicher ist, daß sie nur Unkräuter und nicht seine Kulturpflanzen schädigen.

Mit Hilfe der Gentechnik kann man auf drei verschiedenen Wegen Pflanzen vor der Wirkung von Herbiziden schützen: Naheliegend ist es, in transgenen Pflanzen die Menge des durch das Herbizid gefährdeten Enzyms zu erhöhen. Dazu isoliert und kloniert man das zum Enzym gehörende Gen aus Mikroorganismen oder resistenten Pflanzen und verbindet es mit einem sehr starken Promotor. Transformiert man anschließend Pflanzen damit, vertragen sie deutlich höhere Mengen dieses Herbizids als Unkräuter. Man könnte aber auch das klonierte Enzymgen gentechnisch so verändern, daß es zwar seine natürliche Funktion in der Zelle noch ausüben kann, aber keine Bindestellen mehr für das Herbizid hat und somit trotz Herbizidbehandlung voll funktionsfähig bleibt. Schließlich kann man auch Pflanzen mit Genen aus herbizidresistenten Bakterien transformieren. Die dadurch neu erworbenen Enzyme würden dann die Herbizidwirkung blockieren. In diesem Abschnitt soll auf zwei Herbizide näher eingegangen werden, die eine herausragende wirtschaftliche Bedeutung haben und die auch immer wieder bei öffentlichen Diskussionen über Nutzen und Risiken der Gentechnik genannt werden.

Das Herbizid Glyphosat (Wirkstoff des im Handel erhältlichen Präparates „Roundup" der Firma Monsanto) ähnelt in seiner chemischen Struktur der Aminosäure Glycin und blockiert in den Chloroplasten dessen Bindestellen am Enzym 5-Enolpyruvylshikimat-3-phosphat-synthase (EPSPS). Für die Pflanzenzelle ist damit die Synthese aromatischer Aminosäuren über den Shikimisäureweg versperrt [4–6]. Folgerichtig fehlen dann die Grundbausteine Tryptophan, Phenylalanin und Tyrosin, die unter anderem zur Synthese von Hormonen (Indolylessigäure) und Zellwänden (Lignin) gebraucht werden. Für Tiere und Menschen ist dieses Herbizid unschädlich, weil sie die aromatischen Aminosäuren nicht selber herstellen, sondern mit der Nahrung aufnehmen. Bakterien hingegen besitzen dieses Enzym und eignen sich deshalb hervorragend zur Suche nach Mutanten. Im Boden zersetzt sich „Roundup" in wenigen Tagen, und es entstehen keine giftigen Folgeprodukte.

Aus Petunien und später auch aus den Bakterien *Salmonella typhimurium* (*aroA*-Gen) und *E. coli* wurden Gene der EPSP-Synthase isoliert [7, 8] und mit Hilfe von *Agrobacterium tumefaciens* (Abschnitt 6.2) zum Transformieren von Kulturpflanzen benutzt. 1986 entstand so die erste transgene Petunie [9], die wesentlich höhere Mengen Glyphosat unbeschadet vertrug als nicht transformierte Kontrollpflanzen. Wenig später folgten Tomate [10], Soja [11] und Flachs (*Linum usitatissimum*) [12]. Später kamen noch Tabak, Baumwolle, Raps und Mais hinzu [13]. Grundsätzlich kann man jede Kulturpflanze glyphosatresistent machen, wenn für sie ein erprobtes Transformationsprotokoll existiert. Inzwischen ist auch mit umfangreichen Feldversuchen, hauptsächlich in Amerika, Kanada und Frankreich gezeigt worden, daß transgene Pflanzen und ihre Nachkommen ausreichend hohe Mengen Glyphosat unbeschadet überstehen.

Das Herbizid Phosphinotricin (PPT, Wirkstoff im Präparat „Basta" der Firma Hoechst AG) hat eine ähnliche Struktur wie die Aminosäure Glutaminsäure und verdrängt sie an den Bindestellen der Glutaminsynthetase

(GS). Dieses Enzym ist für die Pflanze lebenswichtig, da mit seiner Hilfe anorganischer Stickstoff über die Glutaminsäure in den Stoffwechsel eingeschleust wird. Fällt dieses Enzym aus, häuft sich giftiger Ammoniak in den Pflanzenzellen an. „Roundup" und „Basta" gehören zu einer großen Gruppe von Herbiziden, die alle mit Schlüsselenzymen des Aminosäurestoffwechsels in Wechselwirkung treten [14].

Ähnlich wie bei der EPSPS konnte man aus einer Luzerne (*Medicago sativa*) ein GS-Gen isolieren, seine Aktivität gentechnisch verstärken und dann damit Pflanzen transformieren [15, 16]. Ein anderer Ansatz, Resistenzgene zu finden, beruht auf der Beobachtung, daß die Bakterien *Streptomyces hygroscopicus* (*bar*-Gen) und *Streptomyces viridochromogenes* (*pat*-Gen) PPT sehr schnell durch Acetylierung chemisch inaktivieren, das heißt, PPT kann Glutaminsäure nicht mehr vom Enzym verdrängen. Mit beiden Genen konnten Tabak, Tomate, Kartoffel, Raps, Kohl, Melone, Möhre, Erdbeere, Karotte, Zuckerrübe, Luzerne, Mais und viele andere Pflanzen erfolgreich transformiert werden [17–20]. In Feldversuchen vertrugen die transgenen Pflanzen noch Herbizidkonzentrationen, die weit über den üblichen Spritzmitteldosierungen lagen [21–23].

PPT und das ähnlich wirkende Herbizid „Bialaphos" haben sich im Labor ausgezeichnet zur Selektion von transgenen Mais-, Weizen- und Gerstenzellen bewährt [24–26] und sind der sonst üblichen Selektion mit Antibiotika (Abschnitt 1.3) aus vielerlei Gründen deutlich überlegen. Hier soll nur erwähnt werden, daß eine Herbizidselektion viel weniger nicht transformierte Zellen und damit später auch nicht transformierte Sprosse (*escapes*) überleben läßt als beispielsweise eine Hygromycinselektion. Auch die Gewächshausarbeit wird erleichtert, weil man alle zu untersuchenden Pflanzen in einem Arbeitsgang mit „Basta" behandeln kann, wohingegen eine Antibiotikaresistenz Pflanze für Pflanze mit einem Enzymtest nachgewiesen werden muß. Allerdings sollte man auch bedenken, daß sich die Kopienzahl der Resistenzgene während der Gewebekultur durch Selektionsdruck vervielfachen kann (Amplifikation) [27, 28]. Vorteilhaft ist, daß dadurch die Pflanzen resistenter werden. Die vielen Kopien könnten aber auch untereinander in Wechselwirkung treten, was möglicherweise zum Verlust der Genexpression führt (Abschnitt 1.6).

Literatur

[1] Nordmeyer, H.; Anlauf, R.; Raue, W. (1994) *Nachrichtenbl. Deut. Pflanzenschutzd.* **46**, 134–139.

[2]   Burth, U.; Freier, B.; Pallutt, B.; Gutsche, V. (1994) *Nachrichtenbl. Deut. Pflanzenschutzd.* **46**, 16–18.

[3]   Schulz, A.; Wengenmayer, F.; Goodman, H. M. (1990) *Critical Rev. Plant Sci.* **9**, 1–15.

[4]   Steinrucken, H.; Amrhein, N. (1980) *Biochem. Biophys. Res. Commun.* **94**, 1207–1212.

[5]   della-Cioppa, G.; Kishore, G. M. (1988) *EMBO J.* **7**, 1299–1305.

[6]   Herrmann, K. M. (1995) *Plant Physiol.* **107**, 7–12.

[7]   Comai, L.; Facciotti, D.; Hiatt, W. R.; Thompson, G.; Rose, R. E.; Stalker, D. M. (1985) *Nature* **317**, 741–744.

[8]   della-Cioppa, G.; Bauer, S. C.; Taylor, M. L.; Rochester, D. E.; Klein, B. K.; Shah, D. M.; Fraley, R. T.; Kishore, G. M. (1987) *Bio/Technology* **5**, 579–584.

[9]   Shah, D.; Horsch, R.; Klee, H.; Kishore, G.; Winter, J.; Tumer, N.; Hironaka, C.; Rogers, P.; Gasser, C.; Aykeni, S.; Siegel, N.; Rogers, S.; Fraley, R. (1986) *Science* **233**, 478–481.

[10]   Fillatti, J. J.; Kiser, J.; Rose, R.; Comai, L. (1987) *Bio/Technology* **5**, 726–730.

[11]   Hinchee, M.; Connor-Ward, D.; Newell, C.; McDonnell, R.; Sato, S.; Gasser, C.; Fischhoff, D.; Re, D.; Fraley, R.; Horsch, R. (1988) *Bio/Technology* **6**, 915–922.

[12]   Jordan, M. C.; McHughen, A. (1988) *Plant Cell Rep.* **7**, 281–284.

[13]   Gasser, C. S.; Fraley, R. T. (1992) *Spektrum der Wissenschaft*, August, 44–48.

[14]   Kishore, G. M.; Shah, D. M. (1988) *Annu. Rev. Biochem.* **57**, 627–663.

[15]   Donn, G.; Tischer, E.; Smith, J.; Goodman, H. (1984) *J. Mol. Appl. Genet.* **2**, 621–635.

[16]   Eckes, P.; Schmitt, P.; Daub, W.; Wengenmayer, F. (1989) *Mol. Gen. Genet.* **217**, 263–268.

[17]   Murakami, T.; Anzai, H.; Imai, S.; Satoh, A.; Nagaoka, K.; Thompson, C. J. (1986) *Mol. Gen. Genet.* **205**, 42–50.

[18]   Thompson, C. J.; Movva, N. R.; Tizard, R.; Crameri, R.; Davies, J. E.; Lauwereys, M.; Botterman, J. (1987) *EMBO J.* **6**, 2519–2523.

[19]   De Block, M.; Botterman, J.; Vandewiele, M.; Dockx, J.; Thoen, C.; Gosselé, V.; Movva, N. R.; Thompson, C.; Van Montagu, M.; Leemans, J. (1987) *EMBO J.* **6**, 2513–2518.

[20]   Dröge, W.; Broer, I.; Pühler, A. (1992) *Planta* **187**, 142–151.

[21]   D'Halluin, K.; Bottermann, J.; De Greef, W. (1992) *Crop. Sci.* **30**, 866–871.

[22] D'Halluin, K.; Bossut, M.; Bonne, E.; Mazur, B.; Leemans, J.;
      Botterman, J. (1995) *Bio/Technology* **10**, 304–314.

[23] De Greef, W.; Delon, R.; De Block, M.; Leemans, J.; Botterman, J.
      (1989) *Bio/Technology* **7**, 61–64.

[24] Spencer, T. M.; Gordon-Kamm, W. J.; Daines, R. J.; Start, W. G.;
      Lemaux, P. G. (1990) *Theor. Appl. Genet.* **79**, 625–631.

[25] Wan, Y.; Lemaux, P. G. (1994) *Plant Physiol.* **104**, 37–48.

[26] Becker, D.; Brettschneider, R.; Lörz, H. (1994) *The Plant J.* **5**,
      299–307.

[27] Donn, G.; Tischer, E.; Smith, J. A.; Goodman, H. M. (1984) *J. Mol.
      Appl. Genet.* **2**, 621–635.

[28] Goldsbrough, P. B.; Hatch, E. M.; Huang, B.; Kosinski, W. G.;
      Dyer, W. E.; Herrmann, K. M.; Weller, S. C. (1990) *Plant Sci.* **72**,
      53–62.

7.7   Umweltstreß

Streß ist ein Sammelbegriff für eine Vielzahl von Situationen, in denen
Pflanzen beispielsweise durch Viren, Pilze oder durch verschiedene Um-
welteinflüsse besonderen Bedingungen ausgesetzt sind. Begriffe wie
Treibhauseffekt, Klimaveränderung und Ozonloch sind uns allen geläu-
fig. Naturgemäß denkt man zunächst daran, wie sich diese Dinge auf den
Menschen auswirken. Aber auch Pflanzen leiden unter den Folgen der
globalen Klimaverschlechterung. Mit Hilfe der Gentechnik und im Ver-
bund mit anderen naturwissenschaftlichen Disziplinen läßt sich ihr Ab-
wehrverhalten analysieren. Wenn wir Menschen nicht die ständig fort-
schreitende Umweltverschlechterung bremsen können, wird uns die Gentechnik dabei helfen müssen, einige wichtige Kulturpflanzen gegenüber
Umweltstreß toleranter zu machen.

   Die Natur hat in Jahrmillionen fossile Brennstoffe hergestellt, die wir
Menschen in einem Bruchteil dieses Zeitraums verbrauchen. Dabei entsteht das sogenannte Treibhausgas Kohlendioxid. Jährlich fügen wir auf
diese Weise der Erdatmosphäre mehr als ein Viertel der im natürlichen
Kreislauf befindlichen Menge Kohlendioxid hinzu. Es gibt einfach nicht
mehr genug Landpflanzen, die diesen Überschuß durch Photosynthese
binden könnten. Welche physiologischen und ökologischen Auswirkungen das haben wird, kann man heute nur erahnen oder mit dem Computer

simulieren [1, 2]. Das größte Problem dabei ist, daß wir die Anpassungs-
fähigkeit von Pflanzen an neue Umweltbedingungen nicht richtig ein-
schätzen können.

Ozon ist eine chemisch sehr aktive Form des Sauerstoffs mit der chemischen Formel O_3. Neben Fluor ist es eines der stärksten Oxidationsmittel
überhaupt und reagiert deshalb heftig mit fast allen organischen und
anorganischen Stoffen. In der Technik wird Ozon unter anderem zum
Bleichen und zum Desinfizieren benutzt. In der Natur filtert es in den
oberen Luftschichten die schädliche UV-Strahlung der Sonne aus. Auf der
Erde sind dagegen hohe Ozonkonzentrationen schädlich. Sie greifen die
Atemwege an und beeinträchtigen ganz allgemein unsere Leistungsfä-
higkeit. Bei Pflanzen führt Ozon zur Reduzierung der Photosyntheserate
[3−5] und zum frühzeitigen Einsetzen von Reifeprozessen (Seneszenz),
wodurch der Ertrag von Kulturpflanzen reduziert werden kann.

Nach künstlicher Ozonbehandlung fand man in Tabak, Mais und Fichte
neue Proteine wie β-1,3-Glucanase und Chitinase [6–8]. Diese Streßproteine treten unter anderem auch infolge von Virus- und Pilzerkrankun-
gen auf (PR-Proteine; Abschnitt 7.2 und 7.4). Der Tabak scheint durch
Ozon und UV-Strahlen sogar einen gewissen Grad an Virusresistenz zu
erlangen [9]. Man muß also annehmen, daß Streßproteine eine ganz zentrale Rolle bei der Streßbewältigung in höheren Pflanzen spielen, wobei
die auslösenden Faktoren sehr unterschiedlicher Natur sein können.
Durch Trockenheit, hohe Lichtintensität, niedrige Temperatur, hohen
Salzgehalt in den Böden und natürlich durch Ozon werden in der gestreß-
ten Pflanze zusätzliche Proteine gebildet, die sie vor den schädlichen
Wirkungen von O_2^- und H_2O_2 schützen. Für die Gentechnik bietet sich die
Chance, die Wirkung dieser Enzyme zu erhöhen und somit die transgene
Pflanze gegenüber dem jeweiligen Streßfaktor toleranter zu machen [10−
14].

Als unmittelbare Folge der ständig zunehmenden Kohlendioxidkonzen-
tration befürchtet man eine Erhöhung der jährlichen Durchschnittstempe-
ratur (Treibhauseffekt). Pflanzen reagieren auf starke Temperaturschwan-
kungen mit der Bildung von sogenannten Hitzestreßproteinen. Nehmen
wir zum Beispiel an, daß Weizen und Tomate optimal bei 25° C wachsen,
dann beginnt für sie oberhalb von 37° C der Hitzestreß. In den Pflanzen
treten tiefgreifende physiologische und cytologische Veränderungen ein,
die sie vor Hitzeschäden schützen [15−17]. Ähnlich reagieren Pflanzen
auch auf verschiedene Stoffwechselgifte und Schwermetalle. Natürlich
geht dieser komplexe Schutzmechanismus auf Kosten der Vitalität. Eine
Steigerung des Hitzestresses kann somit die Ertragsaussichten bei Kulturpflanzen mindern.

Aluminium (Al) ist mit einem Anteil von sieben Prozent das häufigste Metall in der Erdkruste. Hier liegt es in der Regel in ungiftigen chemischen Verbindungen wie Al-Silikaten vor. Sinkt jedoch der pH-Wert des Bodens aufgrund des „sauren Regens" oder bestimmter Kulturmethoden unter pH 5, wird Aluminium freigesetzt. Pflanzen reagieren darauf mit stark reduzierter Wurzelbildung und Synthese spezifischer Streßpoteine [18, 19]. Andere Schwermetalle wie Cadmium, Zink und Kupfer beinträchtigen ebenfalls das Pflanzenwachstum erheblich. Pilze und auch wir Menschen haben Proteine, die Schwermetalle binden und damit entgiften können, welche aber den Pflanzen fehlen. Die Gentechnik kann jedoch Pflanzen in die Lage versetzen, derartige Proteine herzustellen, damit sie auf schwermetallhaltigen Böden wachsen können [20–22].

Literatur

[1]   Bowes, G. (1993) *Annu. Rev. Plant Physiol. Plant Mol. Biol.* **44**, 309–332.

[2]   Badger, M. R.; Price, G. D. (1994) *Annu. Rev. Plant Physiol. Plant Mol. Biol.* **45**, 369–392.

[3]   Heagle, A. S. (1989) *Annu. Rev. Phytopathol.* **27**, 397–423.

[4]   Reich, P. B.; Amundson, R. G. (1985) *Science* **230**, 566–570.

[5]   Dann, M. S.; Pell, E. J. (1989) *Plant Physiol.* **91**, 427–432.

[6]   Ernst, D.; Schraudner, M.; Langebartels, C.; Sandermann, H. (1992) *Plant Mol. Biol.* **20**, 673–682.

[7]   Kärenlampi, S. O.; Airaksinen, K.; Miettinen, A. T. E.; Kokko, H. I.; Holopainen, J. K.; Kärenlampi, L. V.; Karjalainen, R. O. (1994) *New Phytol.* **126**, 81–89.

[8]   Pino, M. E.; Mudd, J. B.; Bailey-Serres, J. (1995) *Plant Physiol.* **108**, 777–785.

[9]   Yalpani, N.; Enyedi, A. J.; León, J.; Raskin, I. (1994) *Planta* **194**, 372–376.

[10] McKersie, B. D.; Chen, Y.; De Beus, M.; Bowley, S. R.; Bowler, C. (1993) *Plant Physiol.* **103**, 1155–1163.

[11] Foyer, C.H.; Descourvieres, P.; Kunert, K.J. (1994) *Plant Cell Environ.* **17**, 507–523.

[12] Van Camp, W.; Willekens, H.; Bowler, C.; Van Montagu, M.; Inzé, D. (1994) *Bio/Technology* **12**, 165–168.

[13] Sen Gupta, A.; Heinen, J.; Holaday, A. S.; Burke, J. J.; Allen, R. D. (1993) *Proc. Natl. Acad. Sci.* **90**, 1629–1633.

[14] Allen, R. D. (1995) *Plant Physiol.* **107**, 1049–1054.

[15]   Nover, L. (1990) *Naturwissenschaften* **77**, 310–316.

[16]   Nover, L. (1990) *Naturwissenschaften* **77**, 359–365.

[17]   Howarth, C. J.; Ougham, H. J. (1993) *New Phytol.* **125**, 1–26.

[18]   Delhaize, E.; Ryan, P. R. (1995) *Plant Physiol.* **107**, 315–321.

[19]   Snowden, K. C.; Richards, K. D.; Gardner, R. C. (1995) *Plant Physiol.* **107**, 341–348.

[20]   Misra, S.; Gedamu, L. (1989) *Theor. Appl. Genet.* **78**, 161–168.

[21]   Steffens, J. C. (1990) *Annu. Rev. Plant Physiol. Plant Mol. Biol.* **41**, 553–575.

[22]   Elmayan, T.; Tepfer, M. (1994) *The Plant J.* **6**, 433–440.

7.8   Qualitätsverbesserung, nachwachsende Rohstoffe und *biofarming*

In diesem Abschnitt sollen einige ganz unterschiedliche Zielsetzungen angesprochen werden, für die Kulturpflanzen mit gentechnischen Methoden optimiert wurden, wie zum Beispiel längere Haltbarkeit von Tomaten oder neue Inhaltsstoffe für industrielle Zwecke. Alle weiteren erfolgreichen Experimente aufzuzählen, würde den Rahmen dieses Buches sprengen.

Jeder Kleingärtner weiß, daß Tomaten nur ihr volles Aroma entwickeln, wenn sie am Strauch abreifen können. Dann allerdings sind sie nicht mehr sehr fest im Fleich und sollten bald gegessen werden. Derartige Tomaten sind für den Gemüsehandel unbrauchbar, weil sie durch Transport und Lagerung sehr bald unansehnlich und damit unverkäuflich werden. Darum hat es sich in der Praxis eingebürgert, Tomaten schon im grünen Zustand zu ernten, über weite Strecken zu transportieren und sie anschließend durch Begasung mit Ethylen künstlich „nachreifen" zu lassen. Dieses Gas ist auch am natürlichen Reifeprozeß beteiligt. Transgene Pflanzen, bei denen die Ethylensynthese gentechnisch reduziert wurde, können länger am Strauch bleiben und sind demzufolge aromatischer [1–4]. Die Firma Calgene möchte demnächst eine transgene Tomate mit dem Namen „Flavr Savr" auf den Markt bringen, bei der die Ethylenbildung und damit die Reifung ganz normal abläuft. Hier wurde mit einer Antisense-Strategie (Abschnitt 7.1) erreicht, daß sich das Enzym Polygalacturonase, welches normalerweise in reifen Tomaten am Abbau der Zellwände beteiligt ist, in viel geringerer Menge bildet. Deshalb können solche Tomaten im reifen Zustand geerntet, transportiert und noch weitere Tage als „schnittfest" verkauft werden [5–7].

Die Sorge um eine Verschlechterung unseres Klimas ist eines der Hauptargumente für den vermehrten Einsatz nachwachsender Rohstoffe. Ziel muß es sein, verstärkt Rohstoffe aus Pflanzen und nicht aus Erdölprodukten zu gewinnen. Biodiesel aus Raps ist längst schon keine Utopie mehr, und Rapsöl als Schmierstoff gibt es schon lange. Anders sieht es aus, wenn der Raps für industrielle Zwecke ganz bestimmte Fettsäuren in großen Mengen und hoher Reinheit herstellen soll. Dazu bedarf es genauer Kenntnisse über den Bau und die Funktion der beteiligten Enzyme. Erst dann kann man versuchen, den natürlichen Fettsäurestoffwechsel durch Transformation mit einem klonierten Gen oder durch Abschwächung eines Schlüsselenzyms (Antisense-Strategie) auf ein neues Endprodukt hin zu modifizieren [8–13].

Unsere heutigen Plastikwaren werden hauptsächlich aus Erdöl hergestellt. Ihre Haltbarkeit ist Vorteil und Nachteil zugleich. Die Entsorgung des Plastikmülls ist ein ernstes Problem in unserer Gesellschaft geworden. Es gibt inzwischen einige Anwendungsbereiche für biologisch abbaubare Produkte aus chemisch veränderter Cellulose oder Stärke. Durch die Gentechnik ist es nun möglich geworden, in transgenen Pflanzen neue Polymere bakterieller Herkunft herstellen zu lassen [14], die alle biologisch abbaubar sind. Gegenüber herkömmlichem Plastik haben sie zwei Nachteile: Sie sind nicht flexibel genug, und sie sind in der Herstellung viel zu teuer. Den ersten Nachteil kann man durch neue Veredelungsverfahren ausgleichen. Der zweite Nachteil betrifft eigentlich die Wettbewerbsfähigkeit der nachwachsenden Rohstoffe insgesamt. Es stellt sich deshalb die Frage, ob der Staat aus Umweltgründen preisbedingte Nachteile von nachwachsenden Rohstoffen durch Subventionen, Steuern oder Abgaben ausgleichen soll und will.

Transgene Pflanzen eignen sich auch dazu, Peptide und Proteine in großen Mengen für die pharmazeutische Industrie herzustellen. Enkephalin [15], Humanserumalbumin [16], α-Interferon [17] und β-Interferon [18] sind einige Beispiele dafür. Gegenwärtig wird versucht, das Krebstherapeutikum Taxol [19, 20] in transgenen Pflanzen herzustellen. Bisher wird Taxol aus der Rinde der Eibe *Taxus brevifolia* isoliert. Für 1 kg Taxol sind dazu 9 000 kg Rinde notwendig. Die künstliche Synthese ist noch mit so großem technischem Aufwand verbunden [21], daß transgene Pflanzen oder Zellkulturen wünschenswert wären. In Zukunft werden weitere pharmazeutische Produkte folgen, wenn sich durch den Anbau transgener Pflanzen (*biofarming*) wirtschaftliche Vorteile ergeben sollten.

Literatur

[1]   Fromm, M.; Stark, D. M.; Austin, G. D.; Perlak, F. J. (1993) *Phil. Trans. R. Soc. London* **B 339**, 233–237.

[2]   Good, X.; Kellogg, J. A.; Wagoner, W.; Langhoff, D.; Matsumura, W.; Bestwick, R. K. (1994) *Plant Mol. Biol.* **26**, 781–790.

[3]   John, I.; Drake, R.; Farrell, A.; Cooper, W.; Lee, P.; Horton, P.; Grierson, D. (1995) *The Plant J.* **7**, 483–490.

[4]   Theologis, A. (1994) *Curr. Opin. Biotechnol.* **5**, 152–157.

[5]   Giovannoni, J. J.; Della Penna, D.; Bennett, A. B.; Fischer, R. L. (1989) *The Plant Cell* **1**, 53–63.

[6]   Fischer, R. L.; Bennett, A. B. (1991) *Annu. Rev. Plant Physiol. Plant Mol. Biol.* **42**, 675–703.

[7]   Redenbaugh, K.; Berner, T.; Emlay, D.; Frankos, B.; Hiatt, W.; Houck, C.; Kramer, M.; Malyj, L.; Martineau, B.; Rachman, N.; Rudenko, L.; Sanders, R.; Sheehy, R.; Wixtrom, R. (1993) *In Vitro Cell Dev, Biol.* **29P**, 17–26.

[8]   Browse, J.; Somerville, C. (1991) *Annu. Rev. Plant. Physiol. Plant Mol. Biol.* **42**, 467–506.

[9]   Ohlrogge, J. B. (1994) *Plant Physiol.* **104**, 821–826.

[10] Voelker, T. A.; Worrell, A. C.; Anderson, L.; Bleibaum, J.; Fan, C.; Hawkins, D. J.; Radke, S. E.; Davies, H. M. (1992) *Science* **257**, 72–74.

[11] Töpfer, R.; Martini, N.; Schell, J. (1995) *Science* **268**, 681–686.

[12] Kishore, G. M.; Somerville, C. R. (1993) *Curr. Opin. Biotechnol.* **4**, 152–158.

[13] Kinney, A. J. (1994) *Curr. Opin. Biotechnol.* **5**, 144–151.

[14] Nawrath, C.; Poiriwer, Y.; Somerville, C. (1995) *Mol. Breeding* **1**, 105–122.

[15] Vanderkerckhove, J.; Van Damme, J.; Van Lijsebettens, M.; Botterman, J.; De Block, M.; Vandewiele, M.; Declercq, A.; Leemans, J.; Van Montagu, M.; Krebber, E. (1989) *Bio/Technology* **7**, 929–932.

[16] Sijmons, P. C.; Dekker, B. M. M.; Schrammeijer, B.; Verwoerd, T. C.; von den Elzen, P. J. M.; Hoekema, A. (1990) *Bio/Technology* **8**, 217–221.

[17] Zhu, Z.; Hughes, K. W.; Huang, L.; Sun, B.; Liu, C.; Li, Y.; Hou, Y.; Li, X. (1994) *Plant Cell, Tissue and Organ Culture* **36**, 197–204.

[18] Edelbaum, O.; Stein, D.; Holland, N.; Gafni, Y.; Livneh, O.; Novick, D.; Rubinstein, M.; Sela, I. (1992) *J. Interferon Res.* **12**, 449–453.

[19] Heinstein, P. F.; Chang, C.-J. (1994) *Annu. Rev. Plant Physiol. Plant Mol. Biol.* **45**, 663–674.

[20] Kingston, D. G. I. (1994) *TIBTECH* **12**, 222–227.

[21] Nicolaou, K. C.; Yang, Z.; Liu, J. J.; Ueno, H.; Nantermet, P. G.; Guy, R. K.; Claiborne, C. F.; Renaud, J.; Couladouros, E. A.; Paulvannan, K.; Sorensen, E. J. (1994) *Nature* **367**, 630–634.

8.

Gentechnikgesetz, Freisetzungen, Risikoabschätzung und Patentschutz

8.1 Gentechnikgesetz

Als Stanley Cohen und seine Mitarbeiter 1973 die geglückte Transformation von Bakterien mit einem *in vitro* neukombinierten Antibiotikaresistenzgen veröffentlichten [1], war dies praktisch die Geburtsstunde der Gentechnik. Sie wird in den letzten Jahren auf eine Stufe mit anderen technischen Entwicklungen gestellt, die den Menschen und seine Umwelt tiefgreifend betreffen: etwa mit der Atomtechnik, der Raumfahrttechnik oder der Informations- und Kommunikationstechnik einschließlich der Mikroelektronik. Demzufolge wiederholen sich auch in Art und Umfang die Diskussionen über Chancen und Risiken dieser neuen Technik. Dazu setzte der Deutsche Bundestag 1984 eine Enquête-Kommission ein, deren Abschlußbericht 1987 vorgelegt wurde [2]. Er enthält eine sehr eingehende Betrachtung des ganzen Komplexes und gibt dem Deutschen Bundestag etwa 200 Empfehlungen, wie die Gentechnik intensiv gefördert werden sollte. Damit wurde deutlich „Ja" zur Gentechnik und zur Freisetzung gentechnisch veränderter Organismen (GVOs) gesagt, und dies schließt ganz bewußt die Hinnahme eines gewissen Restrisikos mit ein. Das geschah wohl auch unter dem Eindruck, daß weltweit in über 10 000 Labors Gentechnik bisher ohne einen nennenswerten „Betriebsunfall" betrieben wurde. Allein in Deutschland waren schon 1989 etwa 1000 gentechnisch arbeitende Labors registriert. Hinzu kam, daß die Einbindung der Bundesrepublik Deutschland in die Europäische Union kein Verbot der Gentechnik erlaubt. Vielmehr waren die zur Normierung der Gentechnik erlassenen EG-Richtlinien bis Ende Oktober 1991 in nationales Recht umzusetzen.

Am 1. Juli 1990 trat das Gentechnikgesetz in Kraft; wenig später folgten fünf weitere Durchführungsverordnungen, wobei die Verordnung über die Zentrale Kommission für die Biologische Sicherheit (ZKBS) besondere Aufmerksamkeit verdient, denn es handelt sich hier wahrscheinlich um das kompetenteste gentechnische Gremium in Deutschland. Es besteht aus zehn Wissenschaftlern verschiedener Disziplinen, von denen mindestens sechs Gentechnik aktiv betreiben müssen, und je einer sachkundigen Person aus den Bereichen der Gewerkschaften, des Arbeitsschutzes, der Wirtschaft, des Umweltschutzes und der forschungsfördernden Organisationen. Die ZKBS (§ 5 GenTG) prüft und bewertet alle neu auftretenden, sicherheitsrelevanten Fragen der Gentechnik nach den Vorschriften des Gesetzes, gibt hierzu entsprechende Empfehlungen ab und berät die Bundesregierung und die Länder.

Das deutsche Gentechnikgesetz ist im internationalen Vergleich das restriktivste und wahrscheinlich auch das umfangreichste [3]. Es gilt für die Bewilligung gentechnischer Anlagen, gentechnisches Arbeiten, Freisetzen von gentechnisch veränderten Organismen und für das Inverkehrbringen von Produkten, die gentechnisch veränderte Organismen enthalten oder aus solchen bestehen. Sein ambivalenter Charakter drückt sich im § 1 aus: Sinn des Gesetzes sei es,

- Leben und Gesundheit von Menschen, Tiere, Pflanzen sowie die sonstige Umwelt in ihrem Wirkungsgefüge und Sachgüter vor möglichen Gefahren gentechnischer Verfahren und Produkte zu schützen und dem Entstehen solcher Gefahren vorzubeugen und
- den rechtlichen Rahmen für die Erforschung, Entwicklung, Nutzung und Förderung der wissenschaftlichen und technischen Möglichkeiten der Gentechnik zu schaffen.

Damit versucht das Gentechnikgesetz einen Konsens zu finden zwischen dem berechtigten Interesse der Bevölkerung auf optimale Sicherheit und den Bestrebungen von Wissenschaft und Wirtschaft, das Potential der Gentechnik voll auszunutzen. Nach einigen Jahren Praxis mit dem Gentechnikgesetz wurde 1993 eine Novellierung notwendig, weil viele Regelungen nicht mehr dem aktuellen Kenntnisstand entsprachen, die weitere Entwicklung der Gentechnik in unvertretbarer Weise behinderten und auch ohne Gefahr für Mensch und Umwelt abgebaut werden konnten. Das betraf zum Beispiel die Genehmigungs- und Anmeldefristen für gentechnische Anlagen und gentechnisches Arbeiten in den unteren Sicherheitsstufen 1 und 2 wie auch den ganzen Ablauf des Prüfverfahrens selber. Wie bei der Einführung der Mikroelektronik bestand nämlich die

Gefahr, daß zu lange nur auf mögliche Gefahren gestarrt und dabei der Nutzen dieser Technik aus dem Agen verloren wird. Der Forschungsminister Paul Krüger begründete deshalb die in der Gesetzesnovelle vorgeschlagenen Vereinfachungen folgendermaßen: »Wer Forschung unangemessen behindert, verhindert notwendige Innovationen. Wer solche Innovationen verhindert, gefährdet auf Dauer die Wettbewerbsfähigkeit unserer Volkswirtschaft. Dieser Zusammenhang gilt in besonderem Maße für die Schlüsseltechnologie Gentechnik!«

Über die Frage, ob man in Zukunft den Verbraucher über gentechnisch veränderte Ware informieren und wie das im Einzelnen geschehen soll, ist offener Streit entbrannt. Dabei gilt es zu bedenken, daß gentechnisch veränderte Produkte, die in einem Mitgliedsstaat der Europäischen Union zugelassen wurden, automatisch auch in den anderen Mitgliedsstaten vermarktet werden können. Wie sollte eine möglichst in allen EU-Staaten einheitliche Kennzeichnung aussehen? Vielleicht folgendermaßen: „Der Forschungsminister gibt bekannt: Dieses Produkt wurde gentechnisch verbessert.“? Oder sollte zum Beispiel auf der Rückseite einer Bierflasche in drei Sprachen zu lesen sein, daß die französische Braugerstensorte Plaisent durch Transformation nicht mehr vom Gerstenverzwergungsvirus (BYDV) geschädigt wird, welche DNA und welche Methode zur Transformation verwendet wurde, welche neuen Genprodukte mit genauer Mengenangabe im Bier zu finden sein werden? Nun benötigt man zum Bierbrauen ja auch noch Hopfen, der ebenfalls durch Transformation gegen durch Mikroorganismen verursachte Schäden geschützt werden kann. Dann kommt noch die Bierhefe hinzu, die man durch Transformation besser an den Brauvorgang anpassen kann. Soll die Brauerei auf jeder Flasche auch gleichzeitig noch eine Risikoanalyse mitliefern?

Wie sieht es bei Kartoffeln, Gurken, Tomaten, Äpfeln, Pflaumen und Weintrauben aus, die man üblicherweise unverpackt kauft und bei denen schon heute in vielen Fällen die Herkunftsangaben nicht mehr stimmen? Alle diese Produkte könnten nämlich durchaus schon von Pflanzen stammen, die durch Transformation gegen Virusbefall geschützt worden sind. Wie kennzeichnet man Rostbratwürste und Bratfisch auf einem Jahrmarkt oder Kuchen beim Bäcker, wenn gentechnisch veränderte Schweine, Hühner und Fische [4] die Rohprodukte geliefert haben (Abschnitt 3.2)? Diese kleinen Beispiele zeigen, daß eine vollständige Verbraucherinformation technisch nicht möglich ist. Wahrscheinlich wird in Zukunft eine staatliche Einrichtung den Gentechnikmarkt überwachen und bei Gefahr einzelne Produkte vom Markt nehmen. Das wirkungsvollste Überwachungsinstrument sind allerdings die Gentechniker selber, denn sie und ihre Familien werden ihre eigenen Produkte und die ihrer Kollegen in

Zukunft konsumieren müssen, und wer bringt sich schon gerne selbst in Gefahr?

Literatur

[1]   Cohen, S. (1973) *Proc. Natl. Acad. Sci. USA* **70**, 3240–3244.
[2]   Catenhusen, W. M.; Neumeister, H. (1990) *Chancen und Risiken der Gentechnologie.* 2. Aufl. Campus Verlag, Frankfurt a. M.
[3]   Eberbach, W.; Lange, P.; Ronellenfitsch, M. (1994) *Gentechnikrecht.* C. F. Müller Juristischer Verlag, Heidelberg.
[4]   Berkowitz, D. B.; Kryspin-Sorensen, I. (1994) *Bio/Technology* **12**, 247–252.

8.2   Freisetzung

Gentechnisch veränderte Pflanzen sind ein immer wichtiger werdendes Forschungsthema. Ertragssicherung und Qualitätsverbesserung von Nahrungspflanzen standen zunächst im Vordergrund, aber auch der Einsatz pflanzlicher Rohstoffe im industriellen Bereich hat in letzter Zeit sehr stark zugenommen. Über zehn Prozent des gesamten Rohstoffverbrauchs der chemischen Industrie stammen heute schon aus Agrarprodukten. Projekte mit Bezeichnungen wie „Industrieraps", „Leinöl" und „Kartoffelstärke" sind vielversprechende Modellvorhaben, bei denen die Gentechnik die Qualität, Verfügbarkeit und Wirschaftlichkeit dieser „nachwachsenden Rohstoffe" verbessern könnte. Landwirtschafts- und Forschungsministerien tragen wesentlich dazu bei, durch massive Forschungsförderung die Einführung industrieller Agrarrohstoffe zu beschleunigen.

Ein Maß für die nationale Forschungsaktivität auf diesen Gebieten ist die Zahl der Freilandexperimente. Bis Ende 1994 sind in der Welt über 1 500 Freisetzungen von gentechnisch veränderten Organismen (GVOs) durchgeführt worden. Allein in der Volksrepublik China wurde bereits auf 500 Hektar transformierter Tabak angebaut, wobei man bemerken sollte, daß es auch dort ein strenges Genehmigungsverfahren gibt. Damit ist China das Land mit den flächenmäßig größten Freisetzungsversuchen. Die statistischen Angaben in Tabelle 8.1 sind der Gentechnik-Datenbank der Biologischen Bundesanstalt in Braunschweig entnommen und umfas-

Tabelle 8.1:   Anzahl der Freisetzungen in den Ländern der EG von 1992 bis Nov. 1994

Frankreich (und Guadeloupe)	94 (+1)
Belgien	59
Großbritannien	57
Niederlande	44
Italien	21
Dänemark	11
Deutschland	15
Spanien	12
Portugal	4
EG-Inverkehr: Pflanzen	2
EG-Inverkehr: lebende Impfstoffe	5
USA	330
Kanada	302

(nach Angaben der OECD; Stand 1992)

sen 325 Freisetzungen der Europäischen Gemeinschaft von 1992 bis November 1994.

Sehr auffallend ist die große Anzahl der Freisetzungen in Frankreich, Belgien, den Niederlanden und Großbritannien im Vergleich zu denen in Deutschland. Das liegt sicherlich auch daran, daß die Genehmigungsverfahren in der Bundesrepublik länger dauern als in den Nachbarländern. 1 600 Einsprüche gegen den zweiten Antrag auf Freisetzung von 10 000 transformierten Petunien im Max-Planck-Institut für Züchtungsforschung in Köln für die Vegetationsperiode 1991 zeigen, daß die Bevölkerung an der Risiko-Nutzen-Diskussion regen Anteil nimmt. Allerdings bezogen sich nur wenige dieser Einsprüche direkt auf den geplanten Freilandversuch oder auf Verfahrensfragen. Die überwiegende Mehrheit der Einwender ließ erkennen, daß sie grundsätzlich gegen die Freisetzung gentechnisch veränderter Organismen ist. Mit der Novellierung des Gentechnikgesetzes 1993 wurden nun die rechtlichen Voraussetzungen geschaffen, um in Zukunft Genehmigungsverfahren zügiger durchführen zu können.

In Tabelle 8.2 sind die bisher freigesetzten Organismen und Forschungsziele aufgezählt. Man erkennt sehr schnell eine Konzentrierung auf wirtschaftlich interessante Projekte wie verschiedene Formen von Resistenz und männliche Sterilität für die Hybridzüchtung. Das hängt damit zusammen, daß die Herstellung gentechnisch veränderter Organismen mit spürbaren Kosten verbunden und noch immer nicht bei allen Kulturpflanzen möglich ist. Die große Zahl von 201 GVOs mit einer Herbizidresistenz beinhaltet allerdings auch solche Fälle, wo diese Resi-

Tabelle 8.2:   Gentechnisch veränderte Organismen (GVOs) und ihre neuen Eigenschaften

Pflanze	Eigenschaften	Anzahl der Freisetzungen
Raps	(Herb / Steri / Stoff)	94
Mais	(Insek / Herb / Steri)	59
Kartoffel	(Stoff / Insek / Bak / Virus / Pilz)	44
Zuckerrübe	(Herb / Virus)	37
Chicorée, Endivie	(Steri / Herb)	17
Tomate	(Stoff / Insek / Herb / Virus / Pilz)	17
Tabak	(Herb / Pilz / Marker)	13
Blumenkohl		3
Sonnenblume		2
Petunie		2
Sojabohne		2
Melone		2
Mohrrübe		1
Chrysantheme		1
Eukalyptus		1

gentechnisch erzeugte Eigenschaften	Abkürzung	Anzahl der Freisetzungen
Herbizidresistenz	Herb	201
männliche Sterilität	Steri	73
Änderungen des Stoffwechsels (Stärke, Öl, Fett, Alterung)	Stoff	39
Insektenresistenz (durch *Bacillus thuringiensis* und Lektine)	Insek	33
Virusresistenz	Virus	33
Pilzresistenz	Pilz	24
Baterienresistenz	Bak	6
Nematodenresistenz	Nema	1
neue Selektionsmarker	Marker	11

stenz lediglich zur Selektion transgener Kalli während der Gewebekultur notwendig war (Abschnitt 1.3).

Dieser Abschnitt soll mit einer kleinen Tabelle schließen, die Aufschluß über die mehrheitlich verwendeten Transformationsmethoden gibt (Tab. 8.3). Dabei wird die überragende Stellung der Genfähre *Agrobacterium tumefaciens* deutlich. Das wird in den nächsten Jahren noch viel deutlicher werden, wenn nämlich nach dem Reis auch Mais, Weizen und Gerste für diesen Vektor erschlossen werden (Kap. 6.2), denn hinter den Begriffen Elektroporation, Partikelbeschuß-Technik und Protoplasten verbirgt sich hauptsächlich die Freisetzung von transgenen Getreidesorten. Heute liegen Veröffentlichungen vor, in denen langjährige Freisetzungsexperi-

Tabelle 8.3:   Transformationsmethoden

Methode	behandelt in Kapitel	Anzahl der Freisetzungen
Agrobacterium tumefaciens	6	232
Mikroinjektion	3.2	1
Elektroporation	2.3	13
Partikelbeschuß-Technik	3.3	24
Protoplasten (u.a. mit Polyethylenglykol)	2.2	18

mente mit Reis [1, 2], Mais [3], Kartoffel [4–7], Tomate [8, 9], Gurke [10], Tabak [11, 12] und anderen Pflanzen ausgewertet wurden. Das angestrebte wissenschaftliche Ziel wurde in der Regel erreicht. In einigen Fällen wich zwar der Bau der transformierten Pflanzen etwas von dem der nicht transformierten Kontrollpflanzen ab [1], was aber schon durch die lange Gewebekulturphase bedingt sein kann (Abschnitt 1.7). Es gibt nur wenige intensive Untersuchungen über die Langzeitstabilität fremder Gene unter Freilandbedingungen. Von ihr wird es abhängen, ob ein Pflanzenzüchter transgene Pflanzen in sein Zuchtprogramm aufnimmt.

Literatur

[1]   Schuh, W.; Nelson, M. R.; Bigelow, D. M.; Orum, T. V.; Orth, C. E.; Lynch, P. T.; Eyles, P. S.; Blackhall, N. W.; Jones, J.; Cocking, E. C.; Davey, M. R. (1993) *Plant Science* **89**, 69–79.

[2]   Li, Z.; Murai, N. (1995) *Plant Science* **108**, 219–227.

[3]   Koziel, M. G.; Beland, G. L.; Bowman, C.; Carozzi, N. B.; Crenshaw, R.; Crossland, L.; Dawson, J.; Desai, N.; Hill, M.; Kadwell, S.; Launis, K.; Lewis, K.; Maddox, D.; McPherson, K.; Meghji, M. R.; Merlin, E.; Rhodes, R.; Warren, G. W.; Wright, M.; Evola, S. V. (1993) *Bio/Technology* **11**, 194–200.

[4]   Kaniewski, W.; Lawson, C.; Sammons, B.; Haley, L.; Hart, J.; Delannay, X.; Tumer, N. E. (1990) *Bio/Technology* **8**, 750–754.

[5]   Jongedijk, E.; de Schutter, A. A. J. M.; Stolte, T.; van den Elzen, P. J. M.; Cornelissen, B. J. C. (1992) *Bio/Technology* **10**, 422–429.

[6]   Kuipers, G. J.; Vreem, J. T. M.; Meyer, H.; Jacobsen, E.; Feenstra, W. J.; Visser, R. G. F. (1992) *Euphytica* **59**, 83–91.

[7]   Truve, E.; Aaspollu, A.; Honkanen, J.; Puska, R.; Mehto, M.; Hassi, A.; Teeri, T. H.; Kelve, M.; Seppänen, P.; Saarma, M. (1993) *Bio/Technology* **11**, 1048–1052.

[8]   Delannay, X.; La Vallee, B. J.; Proksch, R. K.; Fuchs, R. L.; Sims, S. R.; Greenplate, J. T.; Marrone, P. G.; Dodson, R. B.; Augustine, J. J.; Layton, J. G.; Fischoff, D. A. (1989) *Bio/Technology* **7**, 1265–1269.

[9]   Motoyoshi, F. (1993) *In Vitro Cell Dev. Biol.* **29A**, 13–16.

[10] Sayama, H.; Sato, T.; Kominato, M.; Natsuaki, T.; Kaper, J. M. (1993) *Phytopathology* **83**, 405–410.

[11] Thornburg, R. W.; Kernan, A.; Molin, L. (1990) *Plant Physiol.* **92**, 500–505.

[12] Caligari, P. D. S.; Yapabandara, Y. M. H. B.; Paul, E. M.; Perret, J.; Roger, P.; Dunwell, J. M. (1993) *Theor. Appl. Genet.* **86**, 875–879.

8.3   Risikobewertung von Freisetzungsexperimenten

Wie man die Risiken von Freisetzungsexperimenten ermitteln und bewerten soll, wird unter Experten sehr kontrovers diskutiert. Das hängt damit zusammen, daß unser Wissen über die vielfältigen Wechselwirkungen in terrestrischen Ökosystemen noch zu lückenhaft ist. Leider werden öffentliche Diskussionen nur allzuoft unsachlich und emotional geführt. Überschriften auf Titelseiten wie „Der Gen-Fraß" (Spiegel Nr. 15, April 1993) oder „1. Gen-Gemüse auf unseren Äckern – Krieg' ich davon Krebs?" (BILD Nr. 94, 23. April 1993), unbewiesene Behauptungen und falsche Zitate tragen auf keinen Fall zur verantwortungsbewußten Unterrichtung der Bevölkerung bei. Ganz zwangsläufig muß doch bei Laien der Eindruck entstehen, daß Gene „giftig" sind und daß man sie auf keinen Fall essen sollte; Kölner Stadt-Anzeiger vom 29. Dezember 1993: „Kaum einer möchte Gen-Food kaufen"; BILD vom 24. April 1993: „Gen-Nahrung heimlich im Supermarkt. Schon in 840 Lebensmitteln. Wo, wie gefährlich – BILD sagt's". Dann zitiert BILD auch noch den US-Forscher Paul S. Meyers: „Wir können nicht ausschließen, daß Gen-Nahrung unsere Psyche verändert oder Mißbildungen verursacht". Es ist nicht bekannt, wie sich der Wissenschaftler Paul S. Meyers ernährt, aber jeder Normalbürger nimmt tagtäglich Gene mit der Nahrung auf, atmet sie ein, oder sie kleben ihm auf der Haut. Das ist überhaupt kein Problem, weil unser Körper auf der Oberfläche und im Darmtrakt Enzyme (DNAsen) hat, die DNA dermaßen zerstückeln, daß bestenfalls noch ihre Grundbausteine von unserem Körper aufgenommen werden. Natürlich gibt es Mikroorganismen, die es im Laufe der Evolution verstanden haben, unsere Abwehrmechanismen zu umgehen, wie zum Beispiel das Herpes-simplex-Virus, das immer zum unpassenden Zeitpunkt die Lippe anschwellen läßt.

Eingehende wissenschaftliche Untersuchungen haben ergeben, daß wir überall in der Natur mit dem Auftreten freier DNA, also mit Genen rechnen müssen. Das hängt damit zusammen, daß nur lebende Organismen die Kontrolle über ihren Organismus aufrecht erhalten können. Nach dem Zelltod findet eine umfassende Destabilisierung statt, so daß wir beispielsweise DNA-Bruchstücke im Seewasser, in Kläranlagen, in Akkerböden oder Blumentöpfen finden können. Bewiesen ist auch, daß diese DNA durch Adsorption an Bodenmineralien sehr stark vor abbauenden Enzymen, den sogenannten DNAsen, geschützt ist.

Um die Stabilität von DNA im Boden zu erforschen, ließ man DNA einer bekannten Größe und Funktion durch künstliche Erdprofile sickern. Anschließend wurde die gebundene DNA von den Mineralien abgespült und Bakterien wie *Bacillus subtilis* zur Aufnahme angeboten. Dieser Prozeß der DNA-Aufnahme ist sehr komplex und beginnt mit der Adsorption der üblicherweise doppelsträngigen DNA an das Bakterium und einer enzymatischen Abspaltung eines DNA-Einzelstranges. Daran schließt sich ein energieabhängiger Transport der nun einzelsträngigen und mit Proteinmolekülen umkleideten DNA durch speziell konstruierte Zellwandporen an. Die Ähnlichkeit mit Bildung und Transport der T-DNA von *Agrobacterium tumefaciens* (Abschnitt 5.5) ist verblüffend. Falls die DNA ihren urspünglichen Informationsgehalt, beispielsweise eine Antibiotikaresistenz, nicht durch DNA-Abbau im Boden oder während des Aufnahmeprozesses verloren hat, lassen sich später resistente Bakterienkolonien in Anwesenheit des entsprechenden Antibiotikums selektionieren. Durch dieses elegante, natürliche Meßsystem konnte gezeigt werden, daß die Hälfte (biologische Halbwertszeit) der freien DNA-Moleküle je nach Erdzusammensetzung innerhalb von 9 bis 28 Stunden fragmentiert wird [1, 2].

Für uns Menschen ist DNA, wie für alle Lebewesen, ein Teil der Nahrung, weil sie Kohlenstoff, Stickstoff und Phosphor enthält. Bakterien ziehen jedoch noch weiteren Nutzen aus der DNA-Aufnahme. Sie erhalten dadurch die Möglichkeit, sich völlig fremdes genetisches Material einzuverleiben. Normalerweise tauschen nämlich Bakterien ihre DNA nur untereinander und mit nahen Verwandten aus [3]. Durch Aufnahme völlig fremder DNA und ihre Eingliederung ins eigene Erbmaterial erhält aber das Bakterium die Chance, einen einzigartigen neuen Entwicklungssprung zu durchlaufen. Im einzelnen kann es zum Beispiel zu Veränderungen in der Genexpression kommen, die fremde DNA kann zur Reparatur eines eigenen DNA-Defekts herangezogen werden, oder ein ganz neues Enzym verhilft dem Bakterium zur Resistenz gegenüber Viren (Bakteriophagen). Deswegen müssen wir davon ausgehen, daß fortwährend DNA aus verwesenden Pflanzen, Tieren und Mikroorganismen von Bakterien aufgenommen wird. Einmal ins eigene Erbmaterial integriert, wird sie via Konjugation [3] auf andere verwandte Bakterien übertragen. Man nennt das „horizontalen Gentransfer". Unter den verschiedenen Umweltbedingungen stellt sich bald heraus, ob das Bakterium durch die fremde DNA irgendeinen lebenswichtigen Vorteil gegenüber anderen Bakterien erhalten hat. Wenn ja, dann steigt vielleicht seine Vermehrungsrate, oder eine neue ökologische Nische wird von ihm erschlosssen. Wenn nicht, bleibt alles beim alten [4].

Kritiker von Freisetzungsversuchen bemängeln, daß neben dem zu übertragenen Gen auch noch ein oder mehrere Antibiotikaresistenzgene mit in die transgene Pflanzen gelangen, die für die Umwelt schädlich sein könnten. Dem entgegnen die Befürworter, daß die Resistenzgene aus Mikroorganismen gewonnen wurden, die in unserer Umwelt bereits allgegenwärtig sind und bisher für unsere Gesundheit kein Risiko darstellten. Diese Resistenzgene befinden sich nämlich aus rein kloniertechnischen Gründen in den Plasmiden; sie helfen dem Wissenschaftler, während der Gewebekultur die transgenen Zellen von den übrigen zu trennen (Abschnitt 1.3). Um diesen Streitpunkt aus der Welt zu schaffen, gibt es inzwischen Bemühungen, transgene Pflanzen ohne derartige Gene herzustellen [5–7]. In diesem Fall muß jeder einzelne Sproß untersucht werden. Das wird technisch nur möglich sein, wenn die Transformationsrate außerordentlich hoch ist. Im Augenblick gibt es allerdings keinen einzigen Hinweis, daß dieser zeitraubende und kostenintensive Weg tatsächlich notwendig ist.

Agrobacterium tumefaciens ist ein prominentes Beispiel, bei dem ein Bakterium Gene in Pflanzen überträgt (Kapitel 5). Als Folge davon entsteht ein Tumor mit einigen besonderen Eigenschaften, die für die Existenz des Bakteriums von Bedeutung sind (Abschnitt 5.2) Aus derartigen Tumoren können sich unter bestimmten Umständen Sprosse (Teratome) entwickeln, wenn nämlich einige tumorauslösende Gene verschwunden sind. Teratome sind eigentlich transgene Pflanzen, denn sie haben ja noch Gene von *Agrobacterium tumefaciens* und geben diese an ihre Nachkommen weiter, wobei zu bemerken ist, daß Teratome in der Regel keine

Wurzeln ausbilden und nur künstlich durch Pfropfung auf Normalpflanzen am Leben erhalten werden können. Man kann sich gut vorstellen, daß weiterer Verlust von Tumorgenen Teratome langsam zu Normalsprossen werden läßt.

Eingehende Studien an verschiedenen, ganz normal wachsenden Kulturpflanzen ergaben, daß sie noch bestimmte Gene von *Agrobacterium rhizogenes* enthalten, die sogenannten *rol*-Gene; dies gilt zum Beispiel für *Nicotiana glauca*, *Nicotiana tabacum* und einige andere Tabakarten, *Daucus carota* (Möhre) und *Petunia hybrida* [8–11]. Von den *rol*-Genen weiß man inzwischen, daß sie Pflanzen gegenüber Hormonen wie Auxin empfindlicher machen [12, 13]. Einige der oben genannten Pflanzen eignen sich besonders gut für die Gewebekultur, und es drängt sich die Frage auf, ob dafür die *rol*-Gene verantwortlich sind.

Gentransfer zwischen Mikroorganismen (Bakterien, Pilzen) und Pflanzen findet in der Natur in beiden Richtungen statt und ist wesentlicher Bestandteil der Evolution [9, 14]. Insofern ist die Gentechnik keine neue Technologie, sondern sie ahmt nur nach, was sich in der Natur schon lange abspielt. Sie hilft unter anderem auch dabei, die Genströme zwischen den Organismen aufzudecken und sie für uns sinnvoll zu verändern.

Vor der Planung und Anmeldung eines Freisetzungsversuches widmet sich jeder Wissenschaftler einem Fragenkatalog, der auch Grundlage für die Diskussionen mit den jeweiligen Zulassungsbehörden ist, und der natürlich viel detaillierter ist als die folgende kleine Aufstellung [15, 16]:

- Stellung der Pflanze in der Umwelt;
- Bedeutung der Pflanze für die Tiere;
- Natur des Gens und Verträglichkeit des Genproduktes;
- Integrationsort im Genom und Zahl der Kopien;
- Stabilität des neuen Gens;
- Ausbreitung durch Pollen und Samen.

In jüngster Zeit erschienen einige Veröffentlichungen, in denen über Beobachtungen an Kreuzungen zwischen Kulturpflanzen und ihren verwandten Wildformen berichtet wurde. Man empfahl spezielle Anbaumethoden für transgene Pflanzen, um dieses Risiko zu vermeiden [17–22]. Nimmt man die Kartoffel als Gegenbeispiel, dann ist eine Kreuzung mit nahe verwandten Wildformen wie *Solanum dulcamara* (Bittersüßer Nachtschatten) und *Solanum nigrum* (Schwarzer Nachtschatten) fast ausgeschlossen, und 20 m Abstand reichen aus, um Pollenflug zwischen zwei Kartoffelfeldern zu verhindern. Die Kartoffel konnte sich seit ihrer Einfuhr 1570 nicht außerhalb von Ackerflächen ausbreiten. Ein „Verwildern" transgener Pflanzen ist deshalb äußerst unwahrscheinlich. Wenn dann auch noch der neue, gentechnisch erzeugte Charakter darin besteht, daß lediglich die Stärkebildung verändert wurde, wird doch deutlich, daß eine allgemeine Diskussion über Risiken der Gentechnik fruchtlos bleiben muß und nur eine Fall-zu-Fall-Entscheidung zu einem befriedigenden Ergebnis führen kann [23].

Es würde der allgemeinen Diskussion über die Freisetzung von GVOs nützen, wenn alle Beteiligten zunächst einmal unsere gegenwärtigen Lebensbedingungen gründlich analysieren würden. Jeder sollte einmal einen Gang über den Wochenmarkt machen und dann überlegen, welche der angebotenen Pflanzen, Früchte und Produkte in Mitteleuropa „heimisch" sind oder aus „einheimischen" Pflanzen hergestellt wurden. Oder man sollte einen Versandkatalog für Gartenpflanzen aufschlagen und sich dieselbe Frage stellen. Dann wird schnell offenkundig, daß wir in einer Zeit leben, in der ständig Pflanzen aus der ganzen Welt importiert werden. Man darf aber nicht nur die Pflanzen aus Israel und die Weintrauben aus Südafrika isoliert betrachten, sondern man muß auch bedenken, daß mit ihnen völlig neue Bakterien, Pilze, Viren importiert und bei uns heimisch gemacht werden, die zum Teil schon erhebliche wirtschaftliche Verluste herbeigeführt haben. Dann nämlich bekommt die Frage, ob ob die transgene Petunie mit ihrer schönen neuen Blütenfarbe [24] ein Risiko für unsere Umwelt und für die einzelnen Bundesbürger darstellt, einen ganz anderen Stellenwert.

Literatur

[1]   Romanowski, G.; Lorenz, M. G.; Wackernagel, W. (1991) *Appl. Enviromental Microbiol.* **57**, 1057–1061.

[2]   Lorenz, M. G.; Wackernagel, W. (1994) *Microbiol. Reviews* **58**, 563–602.

[3]   Mazodier, P.; Davies, J. (1991) *Annu. Rev. Genet.* **25**, 147–171.

[4]   Wöhrmann, K. (1991) *Naturwissenschaften* **78**, 154–157.

[5]   Ottaviani, M. P.; Hänisch ten Cate, C. H. (1991) *Theor. Appl. Genet.* **81**, 761–768.

[6]   Düring, K. (1994) *Transgenic Res.* **3**, 138–140.

[7]   Yoder, J. I.; Goldsbrough, A. P. (1994) *Bio/Technology* **12**, 263–268.

[8]   Spano, L.; Pomponi, M.; Costatino, P.; van Slogteren, G. M. S.; Tempe, J. (1982) *Plant Mol. Biol.* **1**, 291–300.

[9]   Furner, I. J.; Huffmann, G. A.; Amasino, R. M.; Garfinkel, D. J.;
      Gordon, M. P.; Nester, E. W. (1986) *Nature* **319**, 422–427.

[10] Ichikawa, T.; Ozeki, Y.; Syono, K. (1990) *Mol. Gen. Genet.* **220**,
      117–180.

[11] Meyer, A. D.; Ichikawa, T.; Meins, F. (1995) *Mol. Gen. Genet* (im
      Druck).

[12] Filippini, F.; Lo Sciavo, F.; Terzi, M.; Costantino, P.; Trovato, M.
      (1994) *Plant Cell Physiol.* **35**, 767–771.

[13] Hamill, J. D. (1993) *Austr. J. Plant Physiol.* **20**, 405–423.

[14] Stachel, S. E.; Zambryski, P. C. (1989) *Nature* **340**, 190–191.

[15] Sinemus, K.; Platzer, K. (1995) *BIOforum* **18**, 66–75.

[16] Redenbauch, K.; Berner, T.; Emlay, D.; Frankos, B.; Hiatt, W.;
      Houck, C.; Kramer, M.; Malyj, L.; Martineau, B.; Rachman, N.;
      Rudenko, L.; Sanders, R.; Sheehy, R.; Wixtrom, R. (1993) *In Vitro
      Cell. Dev. Biol.* **22P**, 17–26.

[17] Dale, P. J.; Irwin, J. A.; Scheffler, J. A. (1993) *Plant Breeding* **111**,
      1–22.

[18] Till-Bottraud, I.; Reboud, X.; Brabant, P.; Lefranc, M.; Rherissi,
      B.; Vedel, F.; Darmency, H. (1992) *Theor. Appl. Genet.* **83**, 940–
      946.

[19] Jones, R. A. C. (1993) *Ann. Appl. Biol.* **122**, 501–518.

[20] Brookes, B.; Small, E.; Lefkovitch, L. P.; Damman, H.; Fairey, D.
      T. (1994) *Can. J. Plant Sci.* **74**, 779–783.

[21] Arias, D. M.; Riesberg, L. H. (1994) *Theor. Appl. Genet.* **89**, 655–
      660.

[22] Jorgensen, R. B.; Andersen, B. (1994) *Am. J. Bot.* **81**, 1620–1626.

[23] Heyer, A. G. (1992) *Kartoffelbau* **43**, 500–503.

[24] Meyer, P.; Heidmann, I.; Forkmann, G.; Saedler, H. (1987) *Nature*
      330, 677–678.

8.4 Patentschutz für transgene Pflanzen

Durch ein Patent erhält der Erfinder für die Dauer von 20 Jahren, die mit
dem Anmeldetag beginnt, ein Ausschließlichkeitsrecht, kraft dessen er
über seine Erfindung frei verfügen kann. Voraussetzung ist, daß die Erfindung neu, fortschrittlich, technisch durchführbar, reproduzierbar, wirtschaftlich nutzbar und wenig umweltbelastend ist. Der Erfinder entschei-

det in dieser Zeit ganz allein, was mit seiner Erfindung geschieht, ob er sie selbst wirtschaftlich nutzt, verkauft oder anderen die Verwertung gegen Zahlung von Lizenzgebühren gestattet [1]. Vorrangiges Ziel des Patentschutzes ist die schnelle Veröffentlichung neuer Erfindungsgedanken unter gleichzeitiger Wahrung der wirtschaftlichen Interessen der Urheber.

Der Erfinder muß beim deutschen oder europäischen Patentamt in München einen Antrag einreichen, der eine Beschreibung der Erfindung und Versuchsbeispiele enthält. Das Anmeldeverfahren besteht aus dem Prüfungsverfahren in München, der Offenlegung der Patentschrift und dem Einspruchsverfahren, wenn ein Einspruch gegen das beantragte Patent erhoben wurde. Anschließend wird das endgültige Patent erteilt.

Unproblematisch bei der Patentanmeldung sind Verfahrenspatente. Sie schließen auch die unmittelbar durch die Verfahren erhaltenen Produkte ein. Man kann sich dem Patentschutz nicht entziehen, wenn man das Verfahren etwas abwandelt, denn vom Schutz des Verfahrenspatentes werden nur solche abgewandelten Verfahren nicht erfaßt, die gegenüber dem geschützten Verfahren in allen ihren Verfahrensschritten auf einer selbständigen erfinderischen Leistung beruhen [2]. In der Praxis sieht das so aus, daß gegenwärtig so gut wie alle gebräuchlichen Methoden zur Herstellung transgener Pflanzen, aber auch Vektoren wie *Agrobacterium tumefaciens* und viele nützliche Gene patentrechtlich geschützt sind. Anwendungsorientierten Arbeitsgruppen kann man deshalb nur regelmäßige Patentrecherchen empfehlen, wenn sie nicht später eine unangenehme Überraschung erleben wollen.

Leider können sich Anmeldeverfahren über mehrere Jahre hinziehen. Die wissenschaftliche Öffentlichkeit erfährt in dieser Zeit nichts davon und wird auch nie etwas darüber erfahren, wenn die Patentanmeldung abgelehnt oder vom Erfinder zurückgezogen wird. Weiterhin können nach der Offenlegung Einsprüche die endgültige Patenterteilung viele Jahre hinauszögern. Selbst wenn der Erfinder die Urkunde des Patentamtes in den Händen hält, kann er sich immer noch nicht sicher sein, daß nicht noch eine andere Patentanmeldung mit ähnlichem Inhalt anhängig ist, die aber vor seiner eingereicht wurde und demzufolge Priorität hat.

Nicht patentfähig sind Pflanzen, die im Sortenverzeichnis stehen. Für diese gibt es das Sortenschutzgesetz und das Saatgutverkehrsgesetz. Seit 1.9.1994 kann man mit nur einer Anmeldung im gesamten Bereich der Europäischen Union Sortenschutz erhalten. Bis Ende 1994 waren in Deutschland etwa 5 000 Sorten beim Bundessortenamt registriert. Davon stammen 40 Prozent aus dem Bereich der Landwirtschaft und 60 Prozent aus dem Gartenbau. Bei jeder Neuanmeldung prüft das Bundessortenamt, ob sich die neue Sorte deutlich von anderen unterscheidet (Unterscheidbarkeit), wie regelmäßig das neue Merkmal auftritt (Homogenität) und ob es mehrere Generationen lang Bestand hat (Beständigkeit). Hinzu kommt noch für landwirtschaftliche Nutzpflanzen eine Prüfung des landeskulturellen Wertes (Wertprüfung).

Zur Zeit wird an einer Novellierung des Sortenschutzgesetzes gearbeitet. Ein Grund dafür sind neue EU-Richtlinien, die in das bestehende bundesdeutsche Sortenschutzgesetz integriert werden müssen. Aber auch die modernen Züchtungsmethoden und nicht zuletzt die Gentechnik machen eine Überarbeitung nötig. Angestrebt werden ein stärkerer Schutz für einmal angemeldete Sorten und damit mehr Lizenzeinnahmen für die Züchter. Früher brauchte man zum Beispiel fünf Jahre, um eine neue Gerberasorte auf den Markt zu bringen. Heute sind neue Sorten mit Hilfe der Meristemkultur und anderer Verfahren schon nach einem Jahr marktreif.

Der Gesetzentwurf führt deshalb den Begriff „abgeleitete" Sorte ein. Wenn also im Bestand einer angemeldeten Sorte eine spontane Mutation auftritt, die zu einer deutlich veränderten Blütenfarbe oder Blattform führt, kann diese Pflanze nicht als neue Sorte angemeldet werden. Ein weiteres Beispiel: Wird eine angemeldete Wintergerstensorte mit Hilfe der Gentechnik virusresistent, ist dadurch ebenfalls keine neue Sorte entstanden. Wie sieht es aber aus, wenn man zwei angemeldete Sorten kreuzt? Das bisherige Sortenschutzgesetz gestattet dies ausdrücklich. Sind dann nicht alle Nachkommen abgeleitete Sorten und demzufolge nicht schutzfähig? Über die Problematik „abgeleiteter" Sorten wird es noch bis zur Novellierung des Sortenschutzgesetzes viele Diskussionen geben.

Literatur

[1]   Häußer, E. (1986) *Naturwissenschaften* **73**, 234–238.
[2]   Vossius, V.; Jaenichen, H.-R. (1985) *GRUR* **8**, 821–828.

Index

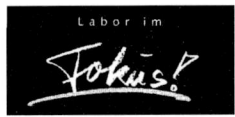

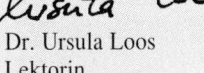